高职高专国家示范性院校电子信息类“十三五”规划教材

数字电子技术基础与实践

主　编　安　会　赵月恩
副主编　田　芳　李建龙

西安电子科技大学出版社

内 容 简 介

全书共分为7章，主要介绍数字电路基础、逻辑门电路、组合逻辑电路、触发器、时序逻辑电路、脉冲的产生与整形电路、半导体存储器与可编程逻辑器件。其中，逻辑门电路、组合逻辑电路、触发器、时序逻辑电路、脉冲的产生与整形电路的章节中都包含相关实验。每章列出了知识重点、知识难点，并有本章小结和思考题与习题。书后附有实训以及部分思考题与习题参考答案。此外，本书的部分章节可以通过手机扫描二维码查看相关知识点视频。

本书可作为高职高专院校电子信息类、物联网、通信类、计算机类和电气类等相关专业的教学用书，也可作为成人职业教育、职业技能培训和相关工程技术人员的参考书。

图书在版编目(CIP)数据

数字电子技术基础与实践/安会，赵月恩主编. —西安：西安电子科技大学出版社，2019.1
ISBN 978-7-5606-5164-4

Ⅰ.①数…　Ⅱ.①安…②赵…　Ⅲ.①数字电路—电子技术　Ⅳ.①TN79

中国版本图书馆CIP数据核字(2018)第268921号

策划编辑　秦志峰
责任编辑　张　玮
出版发行　西安电子科技大学出版社(西安市太白南路2号)
电　　话　(029)88242885　88201467　　　邮　　编　710071
网　　址　www.xduph.com　　　电子邮箱　xdupfxb001@163.com
经　　销　新华书店
印刷单位　陕西利达印务有限责任公司
版　　次　2019年1月第1版　2019年1月第1次印刷
开　　本　787毫米×1092毫米　1/16　印张　10.5
字　　数　242千字
印　　数　1～3000册
定　　价　26.00元
ISBN 978-7-5606-5164-4/TN

XDUP 5466001-1

前　言

本书根据高职高专人才培养的特点和需求，结合现代数字电子技术的发展趋势，以及高等职业教育教学的特点编写而成。

为了改善数字电子技术课程的教学效果，我们对教材内容进行了适当删减，并对教材的形式进行了改革，把教材、实验指导书和练习题合为一体，配合“数字电路实验箱”，即可完成书中实训内容。

本书是编者在多年从事电路与电子技术教学的基础上编写而成的。在编写过程中，汲取了各高职院校教学改革、教材建设等方面的经验，充分考虑了高职高专学生的特点、知识结构、教学规律和培养目标等要求。

本书由石家庄邮电职业技术学院安会、赵月恩担任主编，田芳、李建龙担任副主编，安会编写第 1、2 章，田芳编写第 3、4 章，李建龙编写第 5 章，赵月恩编写第 6、7 章，全书由安会统稿。本书在编写过程中，参考了众多文献资料，在此向参考文献的作者致以诚挚的谢意；同时也得到了石家庄邮电职业技术学院电信工程系领导的大力支持和郑玉红老师、郭根芳老师的帮助，在此表示衷心的感谢。

由于编者水平有限，书中难免存在不足之处，恳请广大读者批评指正。

编者

2018 年 9 月

目 录

第 1 章　数字电路基础

知识重点

- 数制、码制及相互转化
- 基本逻辑运算和复合逻辑运算
- 基本逻辑运算公式和规则
- 逻辑函数的表示方法和化简

知识难点

- 逻辑函数的运算公式和规则
- 逻辑函数化简

本章主要介绍数字电路的概念和特点，并为数字电路分析提供基础知识，包括：数制和数制的转换、码制及常见的码制、基本逻辑关系和复合逻辑关系、逻辑函数基本公式和定理、逻辑函数的表示方法和逻辑函数的化简，最后介绍如何用分立元件实现门电路。

1.1　概　　述

随着数字技术的发展，数字计算机、数字移动手机、数码相机、数字电视、因特网等数字产品涌入我们的生活，改变着我们的生活方式、学习方式和工作方式。这些数字产品的核心组成部分是数字电路，它完成存储、传输、运算处理等功能，发挥着举足轻重的作用。

数字电路是处理数字信号的电路，包括组合逻辑数字电路和时序逻辑数字电路。组合逻辑数字电路没有记忆功能，电路的输出仅取决于当前的输入。时序逻辑电路具有记忆功能，电路的输出不但取决于当前信号的输入，还取决于电路当前的记忆状态。

1.1.1　数字信号与模拟信号

模拟信号是指物理量的变化在时间上和数值上都是连续的。表示模拟量的信号称为模拟信号，工作在模拟信号下的电路称为模拟电路。声音、温度、速度等都是模拟量。图 1 - 1 就是模拟信号的例子。

数字信号是指物理量的变化在时间和数值上都是不连续(或称为离散)的。表示数字量的信号称为数字信号，工作在数字信号下的电路称为数字电路。十字路口交通信号灯的显示、数字式电子仪表的读数、自动生产线上产品数量的统计等都是数字信号。图 1 - 2 就是数字信号的例子。

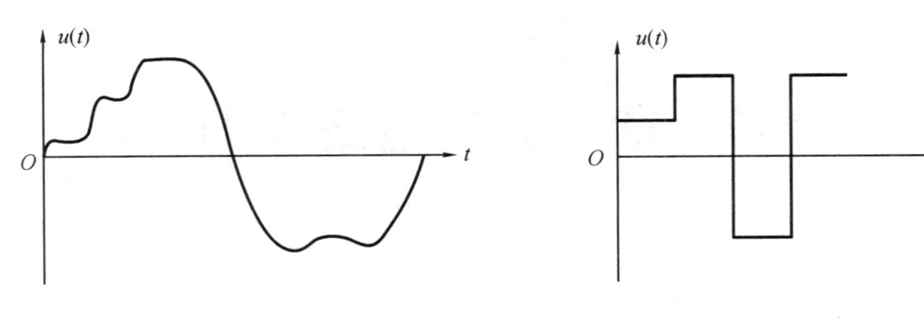

图 1-1　模拟信号　　　　图 1-2　数字信号

由图 1-2 可以看出，数字信号的特点是突变和不连续。数字电路中的波形都是这类不连续的波形，通常将这类波形称为脉冲。

1.1.2　数字信号及其特点

模拟信号在信号处理、传输的过程中容易造成信号的失真，并且这种失真是不能够纠正过来的。

数字信号由于在时间和数值上不连续，因而需要传输的信息减少，需要的带宽很小，并且可以通过添加纠检错信息，将处理和传输过程中出现的错误纠正过来。

数字信号通常采用二值信号，即用两个电平(高电平和低电平)分别来表示两个逻辑值(逻辑 1 和逻辑 0)。其中正逻辑体制规定：高电平为逻辑 1，低电平为逻辑 0；负逻辑体制规定：低电平为逻辑 1，高电平为逻辑 0。本书不加特别说明，均采用正逻辑。

数字电路是处理数字信号的电路，用二进制数进行信息的传输和处理，在电路上可以利用二极管或三极管的开、关状态来实现，即晶体管仅工作在饱和状态或截止状态，对元器件的参数要求很低，且便于大规模集成、生产，产品成品率高。

数字电路的主要优点包括：

(1) 基本单元电路简单，稳定性高。由于元件仅需要工作在开关状态，在电路设计上很容易实现。

(2) 抗干扰能力强，精度高，保密性好。由于数字电路通常处理的信号仅有两个状态，因此电路的稳定性高，数字信号很容易实现加密，即便得到加密后的信号也未必能获取信号的内容。

(3) 数字信号便于长期存储；数字信号采用二值信号表示，存储时采用的两种状态可以保存更长的时间，而且存储设备的容量不断增加，目前几十太字节(TB)的硬盘已经问世。

(4) 更适合传输和处理。数字信号传输需要更少的带宽，在传输的过程中可以进行纠检错，数字电路很容易对其加密、压缩和编码。

数字电路的缺点主要是不能被人直接识别，需要将数字信号转化为模拟信号才能被人识别。

1.2　数制与码制

1.2.1　数制

数制指的是多位数码中每位数码的构成方法及低位到高位的进位规则。数码的总数称为基数或底数。常见的数制包括十进制、二进制、八进制和十六进制。

1. 十进制(Decimal)

十进制是日常生活和工作中使用最广泛的进位计数制。十进制数的基数是 10，每一位可使用 0～9 十个数码，不同位置的数码代表不同的数值(称为权)，遵循“逢十进一”的进位规律。利用数码和权，每个十进制数均可表示成和的形式，如：

$$152.37=1\times10^2+5\times10^1+2\times10^0+3\times10^{-1}+7\times10^{-2}$$

所以任意十进制数 N 都可以展开为

$$(N)_{10}=\sum K_i\times10^i \tag{1-1}$$

式中，K_i 是第 i 位的系数，取 0～9 十个数中的任意一个，10^i 是第 i 位的权。只要将 10 换成不同进制的基数，则任意进制的数均可展开成此形式。

2. 二进制(Binary)

二进制是数字电路中应用最广泛的一种进制方法。二进制数的基数为 2，每一位仅有 0、1 两个可能的数码，遵循“逢二进一”的进位规律，如二进制数$(1011.1101)_2$。利用数码和权，每个二进制数也可表示成和的形式，所以任意二进制数 N 都可以展开为

$$(N)_2=\sum K_i\times2^i \tag{1-2}$$

3. 八进制(Octal)

八进制是经常用到的一种进制方法，其基数为 8，每一位可使用 0～7 八个数码，遵循“逢八进一”的进位规律，如八进制数$(137.26)_8$。利用数码和权，每个八进制数可展开为

$$(N)_8=\sum K_i\times8^i \tag{1-3}$$

4. 十六进制(Hexadecimal)

十六进制也是实际中应用比较广泛的一种进制方法，其基数为 16，数码包括 0～9 及 A、B、C、D、E、F 共 16 个，其中，英文字母 A～F 依次对应十进制数的 10～15，遵循“逢十六进一”的进位规律，如十六进制数$(4E8B.93E5)_{16}$。利用数码和权，每个十六进制数可展开为

$$(N)_{16}=\sum K_i\times16^i \tag{1-4}$$

二进制是数字电路中的基本数制，但用其表示的数位数较多，读写不便，因此，往往采用八进制或十六进制来表示。

1.2.2　不同数制间的相互转换

1. 其他进制数转换为十进制数

将其他进制数转换为十进制数只需利用其展开形式求和即可，即利用式(1-2)～式(1-4)进行转换。例如：

二-十进制转换：

$$(101.01)_2=1\times2^2+0\times2^1+1\times2^0+0\times2^{-1}+1\times2^{-2}=(5.25)_{10}$$

八-十进制转换：

$$(37.62)_8=3\times8^1+7\times8^0+6\times8^{-1}+2\times8^{-2}=(31.78125)_{10}$$

十六-十进制转换：

$$(4\text{E}.28)_{16}=4\times16^1+\text{E}\times16^0+2\times16^{-1}+8\times16^{-2}=(78.15625)_{10}$$

为区分不同进制的数，上述各数分别采用了不同下标，下标也可采用各种进制对应的英文字母表示，其中，十进制对应 D，二进制对应 B，八进制对应 O，十六进制对应 H。

2. 二进制数与八进制数之间的转换

三位二进制数有八个状态，恰好和八进制数的八个数码对应，其对应关系为

八进制：	0	1	2	3	4	5	6	7
二进制：	000	001	010	011	100	101	110	111

利用这种关系可方便地进行二-八进制之间的转换，其方法为：以小数点为界，二进制整数部分从低位开始向左，小数部分从高位开始向右，每 3 位分成一组，特别注意小数部分不足 3 位要在末尾补零，然后将每组的 3 位二进制数转换为 1 位八进制数；八进制数转换为二进制数只需把每个八进制数用 3 位二进制数表示即可。

例如，将二进制数 10101001000.1101 转换为八进制数可得

$$\begin{aligned}(10101001000.1101)_2&=(10\quad101\quad001\quad000.110\quad100)_2\\&=(2\quad5\quad1\quad0.\;6\quad4)_8\end{aligned}$$

八进制数转为二进制数与上述过程相反。

3. 二进制数与十六进制数之间的转换

四位二进制数有 16 个状态，恰好和十六进制数的 16 个数码对应，其对应关系为

十六进制：	0～9	A	B	C	D	E	F
二进制：	0000～1001	1010	1011	1100	1101	1110	1111

利用这种关系可方便地进行二-十六进制之间的转换，其方法与二-八进制转换相同，只不过需要每 4 位为一组。

4. 十进制数转换为其他进制数

1) 十-二进制转换

十进制数转换为二进制数：整数部分采用除 2 取余法，其余数按逆序排列；小数部分采用乘 2 取整法，其整数按顺序排列，最后将这两部分合起来即可。这里 2 是二进制数的基数。例如，将$(23.8125)_{10}$化为二进制数可按如

下方法实现：

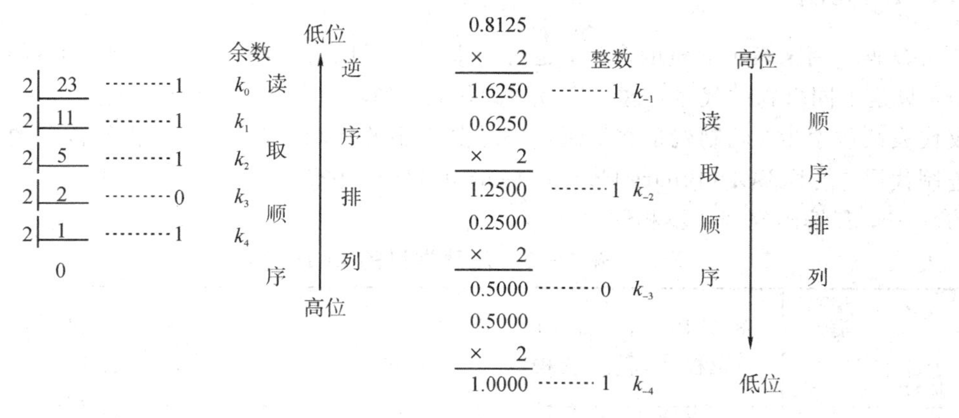

因此，整数部分$(23)_{10}=(10111)_2$，小数部分$(0.8125)_{10}=(0.1101)_2$，将两部分加起来即可得$(23.8125)_{10}=(10111.1101)_2$。

2）十进制数转换为八或十六进制数

十进制数化为八或十六进制数有两种方法：一种方法与十进制数化为二进制数相同，只不过要用不同的基数 8 或 16；另一种方法是先把十进制数化为二进制数再化为八或十六进制数。

1.2.3　数制比较

不同数制的比较见表 1-1。

表 1-1　数制比较

十进制	二进制	八进制	十六进制	十进制	二进制	八进制	十六进制
0	0000	0	0	11	1011	13	B
1	0001	1	1	12	1100	14	C
2	0010	2	2	13	1101	15	D
3	0011	3	3	14	1110	16	E
4	0100	4	4	15	1111	17	F
5	0101	5	5	16	0001 0000	20	10
6	0110	6	6	17	0001 0001	21	11
7	0111	7	7	18	0001 0010	22	12
8	1000	10	8	19	0001 0011	23	13
9	1001	11	9	20	0001 0100	24	14
10	1010	12	A	21	0001 0101	25	15

1.2.4 码制

数码可用来表示数量的大小，也可用来表示不同的事物。表示事物时不再有数量的大小，只是不同事物的代号，这些代号称为代码。如学生的学号，已经没有数量大小的含义，仅代表某位学生。码制就是在编制代码时要遵循的规则。表 1-2 是我们常见的几种二-十进制代码，简称 BCD(Binary Coded Decimal)代码，它们是用四位二进制数码表示十进制数的 0～9，其编码规则各不相同。

表 1-2 几种常见的 BCD 代码

编码类型 / 十进制数	8421 码（恒权）	余 3 码（无权）	2421 码（恒权）	5211 码（恒权）	5421 码（恒权）	格雷码（变权）
0	0000	0011	0000	0000	0000	0010
1	0001	0100	0001	0001	0001	0110
2	0010	0101	0010	0100	0010	0111
3	0011	0110	0011	0101	0011	0101
4	0100	0111	0100	0111	0100	0100
5	0101	1000	1011	1000	1000	1100
6	0110	1001	1100	1001	1001	1101
7	0111	1010	1101	1100	1010	1111
8	1000	1011	1110	1101	1011	1110
9	1001	1100	1111	1111	1100	1010
位权	8421		2421	5211	5421	

8421 码是应用最广泛的一种 BCD 码，其四位二进制数的权自左向右依次为十进制数 8、4、2、1，且这种权是固定不变的，故称为恒权。例如，8421BCD 码的 0101 代表：0×8+1×4+0×0+1×1=5。其他几种恒权码与此相同，只是位权不同。

余 3 码由 8421 码加 3(0011)得到，这种代码的四位二进制数正好比它所代表的十进制数多 3，故称余 3 码，是一种无权码。

格雷码是一种变权码，每一位的 1 在不同代码中并不代表固定的数值，其主要特点是相邻的两个代码之间仅有一位的状态不同。格雷码的编码方案有多种，表中所列只是一种，又称为余 3 循环码。

1.3 逻辑代数

数字电路研究的是输入和输出间的逻辑关系，所谓逻辑，是指事物间的因果关系。1849 年，英国数学家乔治 · 布尔(George Boole)创立了一门用来研究客观事物逻辑关系的代数，称为布尔代数。后来，布尔代数广泛用于开关电路和数字逻辑电路的分析与设计上，故又被称开关代数或逻辑代数。

1.3.1　三种基本逻辑运算

逻辑代数的基本运算包括与、或、非三种，其他任何复杂的运算都可以通过这三种基本运算的组合来实现。

1. 与运算

与运算是指只有决定一件事情的条件全部具备之后，这件事情才会发生。这种因果关系称为逻辑与，也称逻辑乘。

如图1-3所示，只有A、B两个开关同时闭合，灯F才亮，否则灯不亮。灯F与A、B的关系即为逻辑与，把实现逻辑与功能的逻辑电路称为与门。

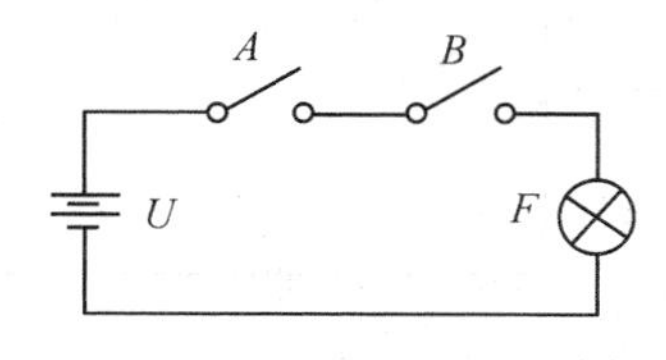

图1-3　逻辑与示例

把图1-3中开关A、B的状态作为输入逻辑变量，并以1表示开关闭合，0表示开关断开，灯F的状态作为输出变量，以1表示灯亮，0表示灯灭。将所有输入逻辑变量的可能组合与其对应的输出逻辑函数值排列在一起组成的表称为真值表。表1-3即为图1-3逻辑与电路的真值表。

由表1-3得逻辑与的运算规则：有0出0，全1出1。

逻辑代数中，以"·"表示与运算，A和B进行与逻辑运算可写作

$$F = A \cdot B \tag{1-5}$$

在不至于混淆的情况下，可直接写作$F=AB$。图1-4为与门的逻辑符号。

表1-3　与运算真值表

A	B	F
0	0	0
0	1	0
1	0	0
1	1	1

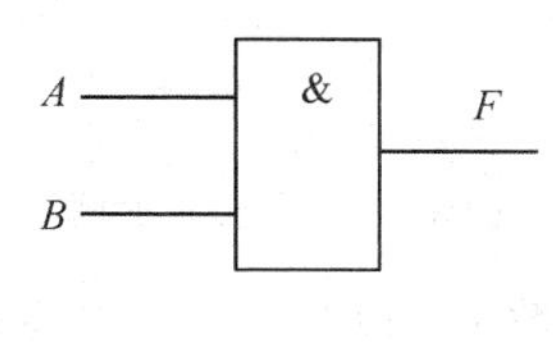

图1-4　与门逻辑符号

2. 或运算

或运算是指决定一件事情的几个条件中，只要有一个或一个以上具备，这件事情就发生。这种因果关系称为逻辑或，也称为逻辑加。

如图1-5所示，只要A或B或两者都闭合，灯F就会亮，只有两者都断开，灯F才灭。灯F与A、B的关系即为逻辑或，并把实现逻辑或功能的逻辑电路称为或门。

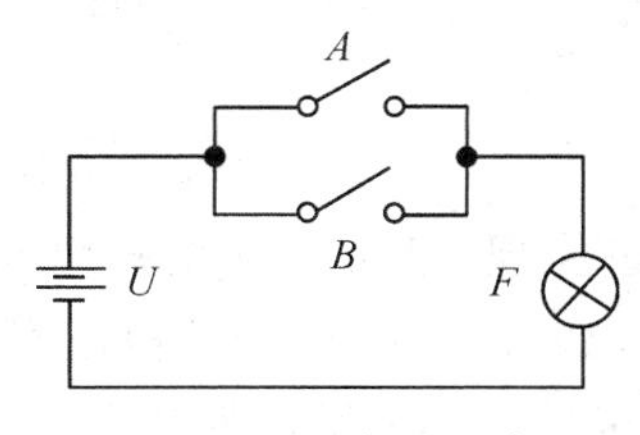

图1-5　逻辑或示例

表 1－4 即为或运算的真值表。由表可得或运算规则：有 1 出 1，全 0 出 0。

逻辑代数中，以"＋"表示或运算，A 和 B 进行或逻辑运算可写作

$$F = A + B \tag{1-6}$$

或门的逻辑符号如图 1－6 所示。

表 1－4　或运算真值表

A	B	F
0	0	0
0	1	1
1	0	1
1	1	1

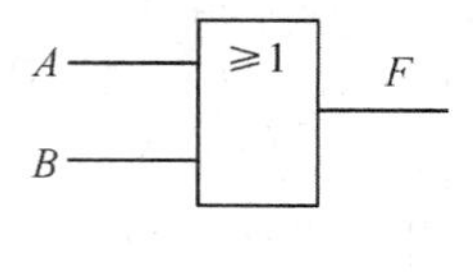

图 1－6　或门逻辑符号

3. 非运算

非运算是指条件具备时结果不发生，而条件不具备时结果反而发生。这种因果关系称为逻辑非，也称为逻辑求反。

如图 1－7 所示，开关 A 断开时灯 F 亮，A 闭合时灯反而不亮。灯 F 与 A 的关系即为逻辑反，并把实现逻辑反功能的逻辑电路称为非门(也称为反相器)。表 1－5 即为非运算的真值表，由表可得非运算规则：有 0 得 1，有 1 得 0。

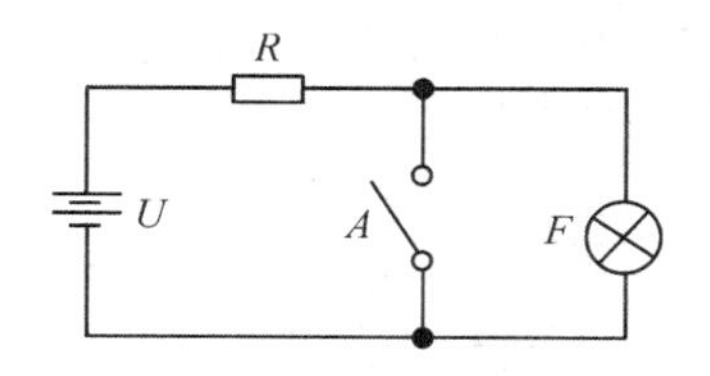

图 1－7　逻辑非示例

表 1－5　非运算真值表

A	F
0	1
1	0

逻辑代数中，以"$\overline{\quad}$"表示非运算，A 和 F 进行非逻辑运算可写作

$$F = \overline{A} \tag{1-7}$$

非门的逻辑符号如图 1－8 所示，图中的小圆圈表示"非"。

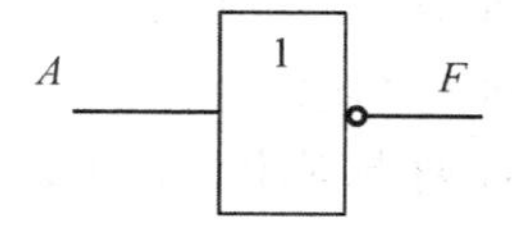

图 1－8　非门逻辑符号

1.3.2　复合逻辑运算

三种基本逻辑运算简单，容易实现，但是实际的逻辑问题要比基本逻辑运算复杂得多。有时实现基本逻辑运算的门电路(如二极管与门电路)也不是太理想，所以常把与、或、非三种基本逻辑运算合理地组合起来使用，这就是复合逻辑运算。与之对应的门电路称为复

合逻辑门电路。常用的复合逻辑运算有与非运算、或非运算、与或非运算、异或运算、同或运算等。

1. "与非"逻辑

"与非"逻辑是把与逻辑和非逻辑组合起来实现的。先进行"与"运算，把"与"运算的结果再进行"非"运算。"与非"逻辑的真值表(以二变量为例)如表 1－6 所示，逻辑符号如图 1－9所示。"与非"逻辑的表达式可以写作：$Y=\overline{AB}$。

由表 1－6 得逻辑与非的运算规则：有 0 出 1，全 1 出 0。

表 1－6　二变量"与非"逻辑真值表

A	B	Y
0	0	1
0	1	1
1	0	1
1	1	0

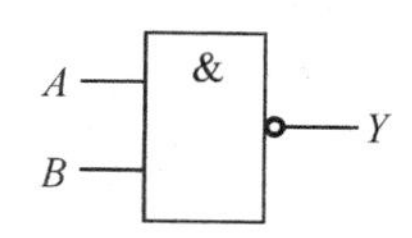

图 1－9　"与非"逻辑的逻辑符号

2. "或非"逻辑

"或非"逻辑是把"或"逻辑和"非"逻辑组合起来实现的。先进行"或"运算，把"或"运算的结果再进行"非"运算。"或非"逻辑的真值表(以三变量为例)如表 1－7 所示。逻辑符号如图 1－10 所示。"或非"逻辑的表达式可以写作：$Y=\overline{A+B+C}$。

由表 1－7 得逻辑或非的运算规则：有 1 出 0，全 0 出 1。

表 1－7　三变量"或非"逻辑真值表

A	B	C	Y
0	0	0	1
0	0	1	0
0	1	0	0
0	1	1	0
1	0	0	0
1	0	1	0
1	1	0	0
1	1	1	0

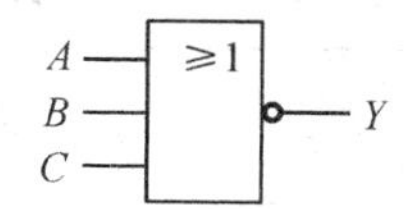

图 1－10　"或非"逻辑的逻辑符号

3. "与或非"逻辑

"与或非"逻辑是把"与"逻辑、"或"逻辑和"非"逻辑组合起来实现的。先进行"与"运算，把"与"运算的结果进行"或"运算，最后进行"非"运算。"与或非"逻辑的真值表(以四变量为例)如表 1－8 所示。逻辑符号如图 1－11 所示。"与或非"逻辑的表达式可以写作：$Y=\overline{AB+CD}$。

表 1-8　四变量"与或非"逻辑真值表

A	B	C	D	Y
0	0	0	0	1
0	0	0	1	1
0	0	1	0	1
0	0	1	1	0
0	1	0	0	1
0	1	0	1	1
0	1	1	0	1
0	1	1	1	0
1	0	0	0	1
1	0	0	1	1
1	0	1	0	1
1	0	1	1	0
1	1	0	0	0
1	1	0	1	0
1	1	1	0	0
1	1	1	1	0

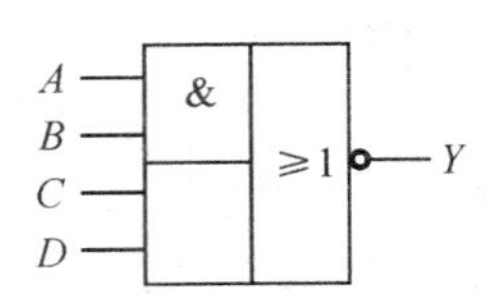

图 1-11　"与或非"逻辑的逻辑符号

4. "异或"逻辑

"异或"逻辑的逻辑关系是：当 A、B 两个变量取值不相同时，输出 Y 为 1；而 A、B 两个变量取值相同时，输出 Y 为 0。"异或"逻辑的真值表如表 1-9 所示。逻辑符号如图 1-12 所示。"异或"逻辑的表达式可以写作：$Y = A \oplus B$。

表 1-9　"异或"逻辑真值表

A	B	Y
0	0	0
0	1	1
1	0	1
1	1	0

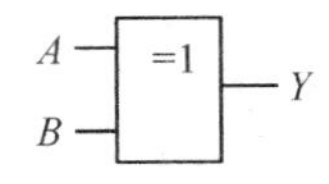

图 1-12　"异或"逻辑的逻辑符号

另外，"异或"逻辑表达式也可以用与、或的形式表示，即写作：$Y=\overline{A}B+A\overline{B}$。在化简逻辑函数时，必须把"异或"逻辑表达式写成 $Y=\overline{A}B+A\overline{B}$ 才能进行化简。

5. "同或"逻辑

"同或"逻辑的逻辑关系是：当 A、B 两个变量取值相同时，输出 Y 为 1；当 A、B 两个变量取值不同时，输出 Y 为 0。"同或"逻辑的真值表如表 1-10 所示。逻辑符号如图1-13 所示。"同或"逻辑的表达式可以写作：$Y = A \odot B$。

表 1-10　"同或"逻辑真值表

A	B	Y
0	0	1
0	1	0
1	0	0
1	1	1

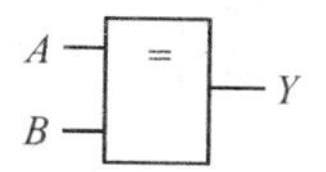

图 1-13　"同或"逻辑的逻辑符号

另外，"同或"逻辑表达式也可以用与、或的形式表示，即写作：$Y=\overline{A}\overline{B}+AB$。在化简逻辑函数时，必须把"同或"逻辑表达式写作 $Y=\overline{A}\overline{B}+AB$ 才能进行化简。

比较表 1-9 和表 1-10 可以看出，"同或"和"异或"互为求反的运算，即

$$\overline{A\oplus B}=A\odot B\Leftrightarrow A\oplus B=\overline{A\odot B}$$

或

$$\overline{\overline{A}B+A\overline{B}}=\overline{A}\overline{B}+AB\Leftrightarrow \overline{\overline{A}\overline{B}+AB}=\overline{A}B+A\overline{B}$$

化简逻辑函数时可以直接应用。

1.3.3　逻辑代数的常用公式及基本定理

逻辑代数是分析数字电路的重要工具，其常用的公式及基本定理是逻辑代数中的重要内容，应用非常广泛。

1. 基本公式

表 1-11 列出了逻辑代数的基本公式，这些公式的正确性可用真值表验证，若等式成立，则等式两边对应的真值表也必然相同。

表 1-11 中第 7 行的反演律即为著名的德·摩根(De · Morgan)定理，它提供了一种交换逻辑表达式的方法，在逻辑函数的化简和变换中经常被用到。

表 1-11　逻辑代数的基本公式

序号	名称	公式 1	公式 2
1	0—1 律	$A\cdot 1=A$；$A\cdot 0=0$	$A+0=A$；$A+1=1$
2	重叠律	$AA=A$	$A+A=A$
3	互补律	$A\overline{A}=0$	$A+\overline{A}=1$
4	交换律	$AB=BA$	$A+B=B+A$
5	结合律	$A(BC)=(AB)C$	$A+(B+C)=(A+B)+C$
6	分配律	$A(B+C)=AB+AC$	$A+BC=(A+B)(A+C)$
7	反演律	$\overline{AB}=\overline{A}+\overline{B}$	$\overline{A+B}=\overline{A}\cdot\overline{B}$
8	还原律	$\overline{\overline{A}}=A$	

除去上述基本公式外，还有一些由基本公式导出的公式在逻辑函数化简中会经常被用到，简称"常用公式"，主要包括以下几个：

(1) $A+AB=A$

证明 $A+AB=A(1+B)=A\cdot 1=A$

引申： $A(A+B)=AA+AB=A+AB=A$

注意：上式中的 A、B 是泛指，它们可以是任何单个变量或多个变量的复合形式，如以 AC 代替 A、BD 代替 B，则上式仍然成立，即 $AC+(AC)(BD)=AC$。以下各式中的变量含义均与此相同。

(2) $A+\overline{A}B=A+B$

证明 $A+\overline{A}B=A+AB+\overline{A}B=A+B(A+\overline{A})=A+B$

(3) $AB+\overline{A}C+BC=AB+\overline{A}C$

证明

$$\begin{aligned}AB+\overline{A}C+BC&=AB+\overline{A}C+(A+\overline{A})BC\\&=AB+\overline{A}C+ABC+\overline{A}BC\\&=AB(1+C)+\overline{A}C(1+B)\\&=AB+\overline{A}C\end{aligned}$$

此公式说明，若两个乘积项中分别包含 A 和 $\overline{A}$ 两个因子，而这两个乘积项的其余因子构成的第三个乘积项可以消去。

引申：上式中的第三个乘积项除包含两个乘积项的其余因子外还可包含其他因子，该式仍然成立，如以 $BCDE$ 代替 BC，仍有 $AB+\overline{A}C+BCDE=AB+\overline{A}C$，请读者自行证明。

(4) $A(\overline{A}+B)=AB$

证明 $A(\overline{A}+B)=A\cdot\overline{A}+AB=AB$

上述常用公式的共同特点是消去了某些项，所以又把它们称为吸收律。

2. 逻辑代数的基本定理

1) 代入定理

代入定理是指对于任何一个逻辑等式，以某个逻辑变量或逻辑函数同时取代等式两端任何一个逻辑变量后，等式依然成立。利用代入定理可以很容易把以上的基本公式和常用公式推广到多变量的情况。

【例 1-1】 用代入定理证明反演律适用于多变量情况。

解 现只证明反演律中的一个，另一个请读者自行证明。

已知

$$\overline{AB}=\overline{A}+\overline{B}$$

用 BC 代替等式中的 B，则得

$$\overline{ABC}=\overline{A}+\overline{BC}=\overline{A}+\overline{B}+\overline{C}$$

注意：在进行复杂的逻辑运算时，要遵守与普通代数相同的运算顺序，即先算括号，其次算乘法，最后算加法。

2) 对偶定理

任何一个逻辑函数 F 中的“·”换成“+”，“+”换成“·”，0 换成 1，1 换成 0，则所得新函数表达式叫做 F 的对偶式，用 F' 表示。F 和 F' 互为对偶式。

若两个逻辑函数表达式相等，则其对偶式也一定相等，此即为对偶定理。表 1-11 基本公式中的公式 1 和公式 2 就互为对偶式。

【例 1-2】 使用对偶定理证明：

$$(A+B)(\overline{A}+C)(B+C)=(A+B)(\overline{A}+C)$$

解　首先写出等式两边的对偶式，可得

$$AB+\overline{A}C+BC \text{ 和 } AB+\overline{A}C$$

由 1.3.3 节中常用公式(3)可知，这两个对偶式是相等的，则由对偶定理可得原来的两式也是相等的。

注意：求对偶函数时要注意运算的优先顺序，且所有的反号均不得变动。在实际运算过程中，在"·"，换成"+"时，需要给"+"运算加上括号，以保证运算顺序不变。

3）反演定理

任何一个逻辑函数 F 中的"·"换成"+"，"+"换成"·"，0 换成 1，1 换成 0，原变量换成反变量，反变量换成原变量，所得新函数即为 F 的反函数 $\overline{F}$，此规律称为反演定理。德·摩根定理即为反演定理的特例，因此称为反演律。

利用反演定理，可以非常方便地求得一个函数的反函数。

【例 1-3】　求以下函数的反函数：

$$F=A\cdot\overline{B+C+\overline{DE}}$$

解　直接根据反演定理可得

$$\overline{F}=\overline{A}+\overline{\overline{B}\cdot\overline{C}\cdot\overline{\overline{D}+\overline{E}}}$$

注意：

(1) 应用反演定理时要注意运算优先顺序，并保持结果的运算优先顺序不变。在"·"换成"+"时，需要在"·"加上括号，以保证运算顺序不变。

(2) 变换中，几个变量(两个及以上)的公共反号保持不变，变化的只是单独变量的反号。

(3) 要注意对偶定理和反演定理的变换区别。

1.4　逻辑函数及其表示方法

数字电路研究的是输入和输出之间的逻辑关系，这些逻辑关系可以通过逻辑函数体现出来，逻辑函数的表现形式有真值表、表达式、逻辑图和卡诺图等。由于同一个逻辑函数可以同时用这些形式表示，所以，只要知道了其中的一种就可以转换成另外的形式。

1.4.1　逻辑函数

在数字电路研究的逻辑关系中，以逻辑变量作为输入，以运算结果作为输出，当输入变量的取值确定后，输出的结果也随之确定，因此，输出与输入之间是一种函数关系，称为逻辑函数。若以 A、B、C…为输入逻辑变量，Y 为输出，则逻辑函数可以写为

$$Y=F(A,B,C,\cdots) \tag{1-8}$$

逻辑函数与普通代数中的函数相比较，有其自己的特点：

(1) 逻辑变量和逻辑函数的取值只有 0 和 1 两种，所以我们讨论的都是二值逻辑函数。

(2) 函数和变量之间的关系是由"与"、"或"、"非"三种基本运算组成的。

1.4.2　逻辑函数的表示方法

1. 真值表

真值表是指将输入逻辑变量的各种可能取值和相应的函数值排列在一起组成的表格。真值表能清晰反映出输入值和输出值的对应关系。

【例 1-4】 三个人表决一件事情，结果按“少数服从多数”的原则来决定，列出该逻辑函数的真值表。

解　(1) 设定自变量和因变量。要列函数真值表，首先设定自变量和因变量，设三个人的意见为输入变量，即自变量，设为 A、B、C；设表决结果为输出变量，即因变量，设为 F。

(2) 状态赋值。对于已设定的自变量和因变量要明确其状态，即要进行状态赋值。对于自变量 A、B、C，设同意为逻辑“1”，不同意为逻辑“0”；对于因变量 F，设事情通过为逻辑“1”，没通过为逻辑“0”。

(3) 根据题意及上述规定即可列出函数的真值表。列写真值表通常将输入写在左边，输出写在右边，n 个输入变量有 2^n 个组合，输入通常按照二进制递加的顺序列写，可有效防止输入组合的遗漏。

本题的“少数服从多数”是指有两个或三个人同意则事情通过，因此，将所有因变量的可能取值和其相应的因变量的结果排列在表格内即得真值表，如表 1-12 所示。

表 1-12　例 1-4 的真值表

输入			输出
A	B	C	F
0	0	0	0
0	0	1	0
0	1	0	0
0	1	1	1
1	0	0	0
1	0	1	1
1	1	0	1
1	1	1	1

2. 函数表达式

逻辑函数的输入、输出关系写成与、或、非等逻辑运算构成的表达式即为函数表达式。

函数表达式可由真值表得来，其方法是把真值表中每组函数值为 1 的变量写成一个乘积项，乘积项中取值为 1 的变量写成原变量的形式，取值为 0 的变量写成反变量的形式，最后将乘积项相加即可得函数表达式。

例如，由表 1-12 的三人表决电路真值表可得出其函数表达式：

$$F = \overline{A}BC + A\overline{B}C + AB\overline{C} + ABC \tag{1-9}$$

根据函数表达式也可得到函数真值表，其方法是把输入变量取值的所有组合状态逐一代入表达式求出函数值，列成表即得真值表。

3. 逻辑图

逻辑图是由逻辑符号及它们之间的连线构成的图形。

逻辑图可根据函数表达式画出，把表达式所表明的逻辑变量之间的关系用对应的逻辑符号表现出来，并添加必要的连线即可得出函数逻辑图。例如由式(1-9)可以画出其逻辑图，如图 1-14 所示。

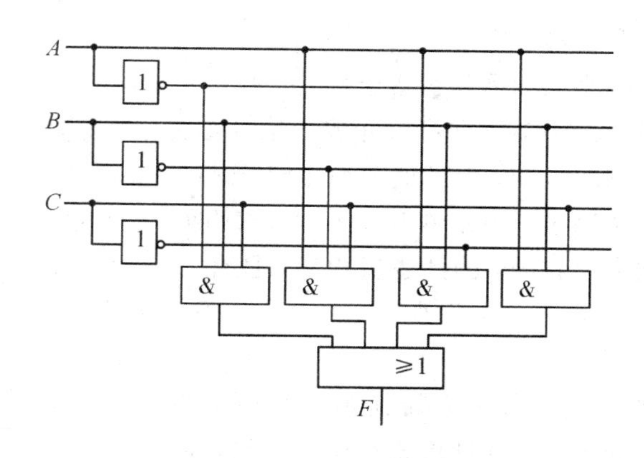

图 1-14　三人表决逻辑电路图

根据逻辑图也可写出其函数表达式，即逻辑图中的所有逻辑符号体现的逻辑功能用表达式写出来。

上述三种形式是逻辑函数常用的，而且它们之间是可以互相转换的。对于另一种常用的卡诺图形式将在后面详细介绍。

4. 逻辑函数的最小项表示形式

1）最小项的概念

n 个变量的逻辑函数中，若某乘积项 m 包含 n 个因子，且这 n 个变量必须以原变量或反变量的形式出现，并且仅出现一次，则该乘积项 m 称为最小项。n 变量逻辑函数的全部最小项共有 2^n 个。

输入变量的每组取值都会使一个对应的最小项的值为 1，如三变量 A、B、C 的最小项中，若 $A=1$、$B=0$、$C=0$，则 $A\bar{B}\bar{C}=1$。实际中为了使用方便，常把 $A\bar{B}\bar{C}$ 的取值 100 看做二进制数，则其表示的十进制数为 4，记作 m_4，称为此最小项的编号，依此类推可得其他最小项的编号，如表 1-13 所示。

表 1-13　三变量逻辑函数的最小项及其编号

最小项			变量取值			对应的十进制数	编号
			A	B	C		
$\bar{A}$	$\bar{B}$	$\bar{C}$	0	0	0	0	m_0
$\bar{A}$	$\bar{B}$	C	0	0	1	1	m_1
$\bar{A}$	B	$\bar{C}$	0	1	0	2	m_2
$\bar{A}$	B	C	0	1	1	3	m_3
A	$\bar{B}$	$\bar{C}$	1	0	0	4	m_4
A	$\bar{B}$	C	1	0	1	5	m_5
A	B	$\bar{C}$	1	1	0	6	m_6
A	B	C	1	1	1	7	m_7

2）最小项的性质

(1) 对任何一个最小项，只有一组变量的取值组合使其值为 1。

(2) 全体最小项之和恒等于1。

(3) 任意两个不同最小项的乘积恒等于0。

(4) 逻辑相邻的两个最小项之和可合并成一项并消去一对因子。如果两个最小项中只有一个变量以原、反状态相区别，而其他项均相同，则称它们为逻辑相邻。逻辑相邻的项可以合并，并能够消去一个因子。例如 $A\overline{B}\,\overline{C}$ 和 $\overline{A}\,\overline{B}\,\overline{C}$ 两个最小项，除其第一项是以原、反状态出现外，其他两项完全相同，因此逻辑相邻，且有

$$A\overline{B}\,\overline{C}+\overline{A}\,\overline{B}\,\overline{C}=(A+\overline{A})\overline{B}\,\overline{C}=\overline{B}\,\overline{C}$$

3) 最小项表达式

任何一个逻辑函数表达式都可以转换为一组最小项和的标准形式，称为最小项表达式。最小项表达式是与或形式。这种形式在逻辑函数化简和数字电路设计中应用非常广泛。

把一般表达式化为最小项表达式通常采用添加 $A+\overline{A}=1$(A 是泛指)的方法。

【例1-5】 将以下函数转换为最小项表达式：

$$F=AB\overline{C}+BC$$

解 将每项中所缺的变量添加上去展开：

$$\begin{aligned}F&=AB\overline{C}+BC=AB\overline{C}+(A+\overline{A})BC\\&=AB\overline{C}+ABC+\overline{A}BC\\&=m_6+m_7+m_3=\sum_i m_i\quad(i=3,6,7)\end{aligned}$$

为书写简便，上述结果有时写成 $\sum m(3,6,7)$ 或 $\sum(3,6,7)$ 的形式。

1.5　逻辑函数的化简

在设计逻辑电路时，为了节省成本，通常要将逻辑函数化简，以减少元器件的使用。在分析逻辑关系时，也要将逻辑关系化简，以得到简单的运算关系，使得逻辑运算变得简单。逻辑函数常用的化简方法有公式法和卡诺图法。

1.5.1　逻辑函数的公式法化简

1. 逻辑函数的最简形式

同一逻辑函数的表达式形式可能有多个，例如逻辑函数 F 有以下不同的逻辑式：

$F=AC+\overline{A}B$　　与-或表达式

$=\overline{\overline{\overline{A+B}+\overline{\overline{A}+C}}}$　　或非-或非表达式

$=\overline{\overline{AC}\cdot\overline{\overline{A}B}}$　　与非-与非表达式

$=\overline{A\overline{C}+\overline{A}\cdot\overline{B}}$　　与-或-非表达式

$=(A+B)(\overline{A}+C)$　　或-与表达式

一个逻辑函数一般有上面的五种表达形式，其中最简形式有以下规则：

(1) 逻辑函数式必须是与-或式。

(2) 逻辑函数式中与式最少，即乘积项最少。

（3）每个与项中的变量数最少，即乘积项中的因子最少。

在逻辑函数化简时，应当按照上述规则去衡量、判断是否化简到最简形式。

2. 公式法化简

公式法化简主要就是利用逻辑代数的基本公式、常用公式及基本定理消去函数式中多余的乘积项和因子，从而得到逻辑函数的最简形式。经常使用的方法有以下5种：

1）并项法

运用公式 $A+\overline{A}=1$ 或 $AB+A\overline{B}=A$，将两项合并为一项，可以消去一个变量。

【例1-6】 用并项法化简逻辑函数

$$F=A\overline{B}+ACD+\overline{A}\overline{B}+\overline{A}CD$$

解
$$\begin{aligned}F&=A\overline{B}+ACD+\overline{A}\overline{B}+\overline{A}CD\\&=A(\overline{B}+CD)+\overline{A}(\overline{B}+CD)\\&=\overline{B}+CD\end{aligned}$$

由代入定理可知，A 和 B 可以是任何复杂的逻辑式。

2）吸收法

运用吸收律 $A+AB=A$，可以消去多余的与项。A 和 B 同样也可以是任何复杂的逻辑式。

【例1-7】 用吸收法化简逻辑函数：

$$F=AB+AB(C\overline{D}+DE)$$

解
$$\begin{aligned}F&=AB+AB(C\overline{D}+DE)\\&=(AB)+(AB)(C\overline{D}+DE)\\&=AB\end{aligned}$$

3）消项法

利用公式 $AB+\overline{A}C+BC=AB+\overline{A}C$ 及 $AB+\overline{A}C+BCD=AB+\overline{A}C$ 可将 BC 或 BCD 消去，A、B、C、D 同样也可以是任何复杂的逻辑式。

【例1-8】 用消项法化简逻辑函数：

$$F=AC+A\overline{B}+\overline{B+C}$$

解
$$\begin{aligned}F&=AC+A\overline{B}+\overline{B+C}\\&=AC+A\overline{B}+\overline{B}\cdot\overline{C}\\&=AC+\overline{B}\cdot\overline{C}\end{aligned}$$

4）消去互补因子法

利用消去互补因子公式 $A+\overline{A}B=A+B$ 可将 $\overline{A}$ 消去，A 和 B 也可是任何复杂的逻辑式。

【例1-9】 用消去互补因子法化简逻辑函数：

$$F=AB+\overline{A}C+\overline{B}C$$

解
$$\begin{aligned}F&=AB+\overline{A}C+\overline{B}C\\&=AB+(\overline{A}+\overline{B})C\\&=AB+\overline{AB}C\\&=AB+C\end{aligned}$$

5）配项法

根据公式 $A+A=A$ 在函数式中重复写入某一项，或根据 $A+\overline{A}=1$ 在函数式中的某一项上乘以$(A+\overline{A})$，这样就增加了必要的乘积项，然后再利用以上方法进行化简。对于同或相加或者异或相加的形式通常适合用配项法化简。

【例 1-10】 用配项法化简下列逻辑函数：

$$F=A\overline{B}+\overline{A}B+B\overline{C}+\overline{B}C$$

解

$$\begin{aligned}F&=A\overline{B}+\overline{A}B+B\overline{C}+\overline{B}C\\&=A\overline{B}+\overline{A}B(C+\overline{C})+\overline{B}C(A+\overline{A})+B\overline{C}\\&=A\overline{B}+\overline{A}BC+\overline{A}B\overline{C}+A\overline{B}C+\overline{A}\overline{B}C+B\overline{C}\\&=A\overline{B}(1+C)+\overline{A}C(B+\overline{B})+B\overline{C}(1+\overline{A})\\&=A\overline{B}+\overline{A}C+B\overline{C}\end{aligned}$$

从总体上来看，利用公式法化简逻辑函数不受变量数目的限制，但其并没有固定的步骤可循，需要熟练掌握各种公式和定理，尤其在化简一些较为复杂的逻辑函数时还需要一定的技巧和经验。

1.5.2 逻辑函数的卡诺图法化简

1. 卡诺图概念

利用卡诺图化简逻辑函数的方法是由美国工程师卡诺(Karnaugh)提出的，相对于公式，其化简方法简捷明了，能直接得到最简与或表达式，更容易掌握，是逻辑函数化简必不可少的工具。

将 n 个输入变量的全部最小项用小方块阵列图表示，一个小方块代表一个最小项，并将这些最小项按照逻辑相邻性排列起来，即逻辑相邻的最小项放在相邻的几何位置(小方块在图中的具体位置)上，所得到的阵列图就是 n 变量的卡诺图。把对应的输入组合注明在阵列图的上方和左方，这些组合的二进制代码对应的二进制数转换为十进制数，恰好是每个小方块代表的最小项的编号，如图 1-15 所示。

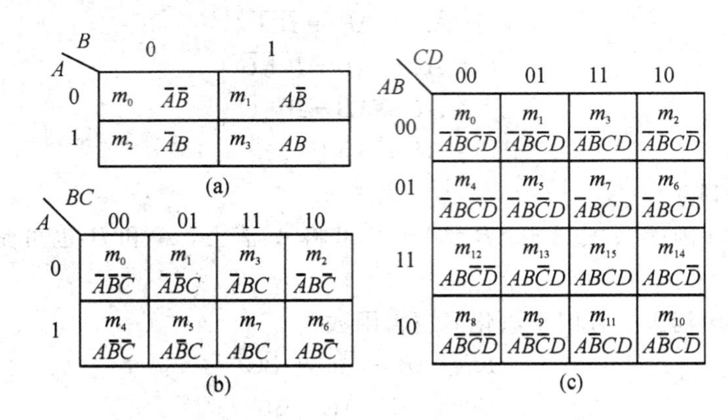

图 1-15　二、三、四变量卡诺图

从图 1-15 中可以看到，卡诺图具有很强的逻辑相邻性：

(1) 直观相邻性，只要小方块在几何位置上相邻(不管上下左右)，它代表的最小项在逻辑上一定是相邻的。如图(c)中的最小项 m_5 分别与上下左右 m_1、m_{13}、m_4、m_7 在几何位置上相邻，在逻辑上也相邻。

(2) 对边相邻性，即与中心轴对称的左右两边和上下两边的小方块也具有相邻性。如图(b)中的 m_0 和 m_2，尽管在几何位置上不相邻，但其在逻辑上是相邻的，m_4 和 m_6 也是如此，即图(b)的左右两边也具有相邻性。图(c)中的左右两边、上下两边同样也是几何位置不相邻，而逻辑上相邻，因此，整个卡诺图在几何位置上是上下、左右闭合的图形。

2. 卡诺图表示逻辑函数

本书所讲卡诺图中的小方块均表示最小项，且 n 变量卡诺图包含了所有最小项的组合，如图1-15所示，而任何一个逻辑函数均可以表示成最小项的形式，因此，必然可以用卡诺图表示逻辑函数。

1) 由真值表得到卡诺图

前面已经讲到，真值表包含了输入变量的所有组合状态，若这些组合状态都以最小项形式表示，则由真值表可以直接写出逻辑函数的卡诺图形式。其方法是：将输出为1的最小项在卡诺图对应的位置上填写1，其余位置上写0，则可得此逻辑函数的卡诺图。

【例1-11】 某逻辑函数的真值表如表1-14所示，用卡诺图表示该逻辑函数。

解　该函数包括三个变量，先画出三变量卡诺图，然后再根据真值表将8个最小项的取值0或者1填入卡诺图中对应的8个小方块中即可，如图1-16所示。

表1-14　例1-11逻辑函数真值表

A	B	C	F
0	0	0	0
0	0	1	1
0	1	0	0
0	1	1	1
1	0	0	1
1	0	1	0
1	1	0	0
1	1	1	1

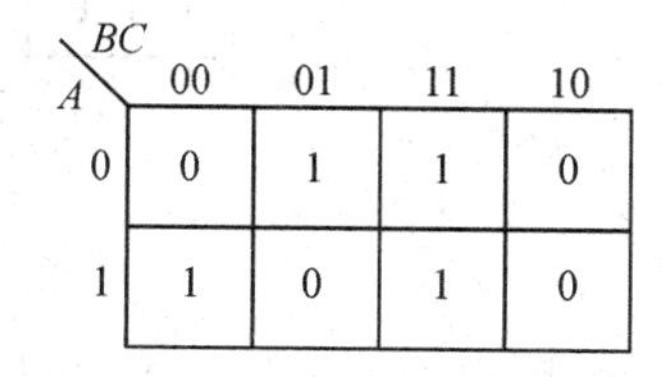

图1-16　例1-11的卡诺图

2) 由逻辑表达式得到卡诺图

由逻辑表达式也可以得到卡诺图，若表达式为最小项和的形式，则在卡诺图上与这些最小项对应的位置填入1，其余位置填入0即可得此函数的卡诺图。若表达式不是最小项和的形式，则需先变换成最小项和的形式，然后再用同样方法得出卡诺图。

【例1-12】 用卡诺图表示逻辑函数：

$$F = A\bar{B} + BCD$$

解　此函数包括四个变量，不是最小项表达形式，因此，首先要将其转换为最小项和的形式，可通过配项方法实现。

$$
\begin{aligned}
F &= A\bar{B}+BCD \\
&= A\bar{B}(C+\bar{C})(D+\bar{D})+BCD(A+\bar{A}) \\
&= A\bar{B}CD+A\bar{B}C\bar{D}+A\bar{B}\bar{C}D+A\bar{B}\bar{C}\bar{D}+ABCD+\bar{A}BCD \\
&= m_{11}+m_{10}+m_9+m_8+m_{15}+m_7
\end{aligned}
$$

将表达式中出现的最小项在卡诺图相应位置上写 1，其余写 0，即得该函数卡诺图，如图 1－17 所示。

AB \ CD	00	01	11	10
00	0	0	0	0
01	0	0	1	0
11	0	0	1	0
10	1	1	1	1

图 1－17　例 1－12 的卡诺图

实际上，比较熟练后，类似本题形式也可直接写入卡诺图，其方法就是卡诺图上包含某乘积项的所有最小项全部填写 1，如本例中 $m_8 \sim m_{11}$ 这四个最小项都包含有 $A\bar{B}$，则直接把这四个方块填写 1 即可。不过需要注意的是，不要遗漏某些项。

3. 卡诺图法化简逻辑函数

利用卡诺图化简逻辑函数的基本依据就是具有逻辑相邻性的最小项可以消去一对因子。卡诺图具有很强的相邻性，通过卡诺图很容易找到具有相邻特性的最小项并将其合并后化简。

1）合并最小项的基本规则

（1）两个相邻的最小项结合，可以消去 1 个取值不同的变量而合并为 1 项，保留的是公共因子，如图 1－18 所示。

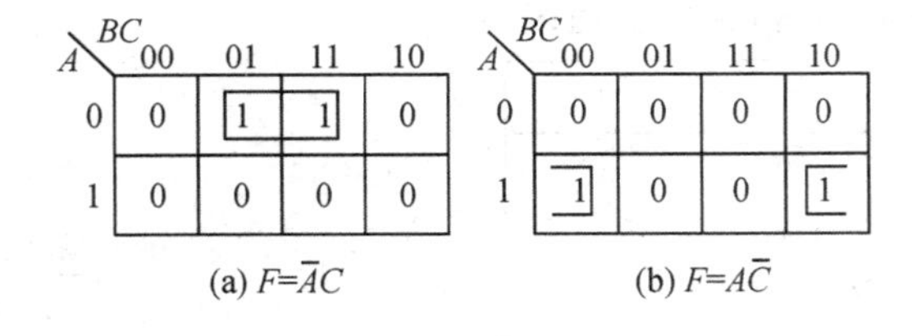

(a) $F=\bar{A}C$　　(b) $F=A\bar{C}$

图 1－18　两个最小项相邻

（2）4 个相邻的最小项结合，可以消去 2 个取值不同的变量而合并为 1 项，保留的是公共因子，如图 1－19 所示。

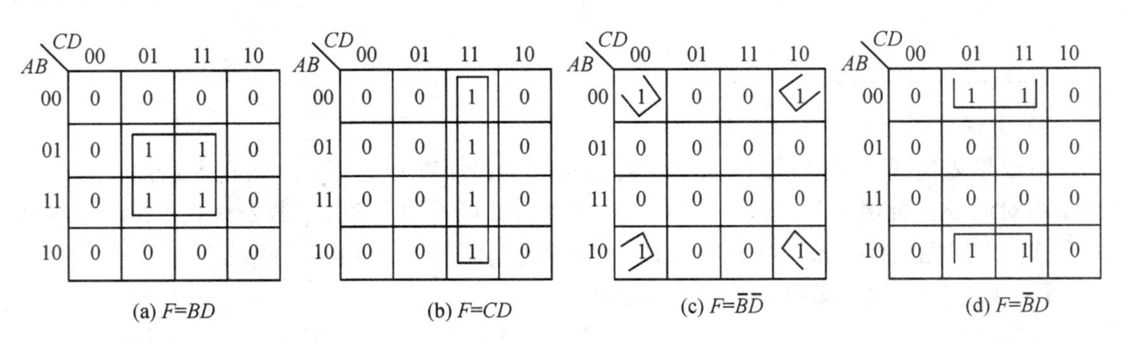

(a) $F=BD$　　(b) $F=CD$　　(c) $F=\bar{B}\bar{D}$　　(d) $F=\bar{B}D$

图 1－19　4 个最小项相邻

（3）8 个相邻的最小项结合，可以消去 3 个取值不同的变量而合并为 1 项，保留的是公共因子，如图 1－20 所示。

可以归纳出卡诺图化简的一般规则：相邻单元的个数是 2^n 个，组成矩形时，可以消去 n 个取值不同的变量并合并为一项，保留的是公共因子。

注意：相邻单元必须是 2^n 个，即必须是2的整数次幂，且必须组成矩形才能合并，如图1-21所示的画法是错误的。

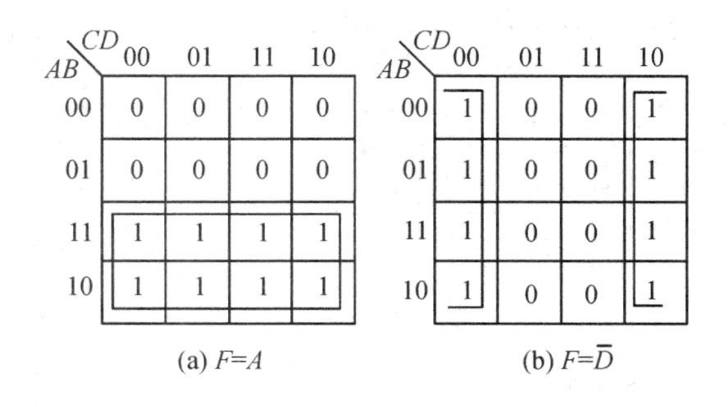

图1-20　8个最小项相邻

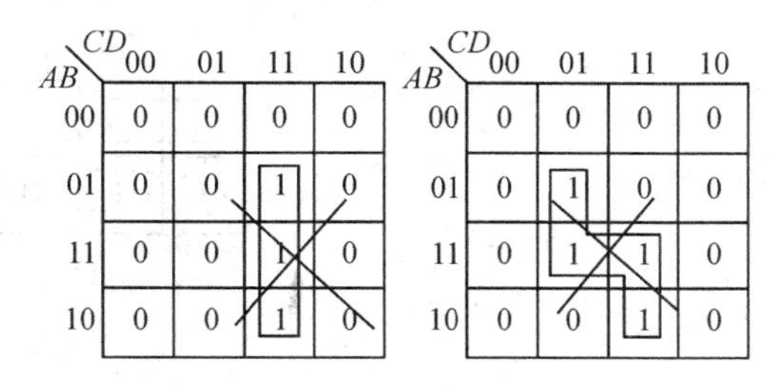

图1-21　错误的卡诺图画法

2) 卡诺图法化简逻辑函数的步骤

(1) 将函数化为最小项之和的形式。

(2) 根据最小项形式表达式或真值表画出逻辑函数的卡诺图。

(3) 合并相邻的最小项，选取最小项的原则：

① 尽量画大圈，每个圈对应一个矩形，圈大即矩形包含的最小项多，每个圈内只能含有 2^n 个相邻项，特别要注意对边相邻性和四角相邻性。

② 卡诺图中所有取值为1的方块均要被圈过，即不能漏下取值为1的最小项。

③ 各最小项可以重复使用，但在新画的包围圈中至少要含有1个未被圈过的1方块，否则该包围圈是多余的。

④ 画圈时，应选择用最少的圈画完所有的1。

⑤ 检查画的圈是否最少，检查是否存在没有圈入新1的圈。

(4) 写出化简后的表达式。每一个圈写一个最简与项，规则是圈内所有的1对应的最小项的公共部分保留下来，即对应的卡诺图标注不同的部分被化简消去，相同的部分即为此部分的化简结果，相同部分的标注取值为1的变量用对应变量的原变量表示，取值为0的变量用对应变量的反变量表示，将这些变量相与得到这个圈的最简式，然后将所有圈化简后的与项进行逻辑加，即得卡诺图的最简表达式。

【例1-13】 用卡诺图化简逻辑函数：

$$F = \overline{A}\overline{B}\overline{C} + \overline{A}\overline{B}C + A\overline{B}C + ABC$$

解 (1) 画出逻辑函数 F 的卡诺图，如图1-22(a)所示。

(2) 找出可以合并的最小项并用圈画出，如图1-22(a)所示，合并最小项可得

$$F = \overline{A}\overline{B} + AC$$

从图1-22(a)中可看到，除去两个矩形圈住的最小项外，还有两个最小项是相邻的，即图1-22(b)中圆角矩形所画的两个最小项，但这两个最小项在实际的化简中并没有被选择再单独画圈，其原因在于这两个最小项分别被划进了两个直角矩形中，所以圆角矩形画出的包围圈中不含有未被圈过的1方块，因而这个包围圈是多余的。事实上，对图1-22(b)也

可以写出逻辑表达式，即

$$F=\overline{A}\overline{B}+AC+\overline{B}C$$

由常用基本公式可得

$$F=\overline{A}\overline{B}+AC$$

因此可见，由圆角矩形圈起来的两个最小项合并得到的 $\overline{B}C$ 确实是多余的。

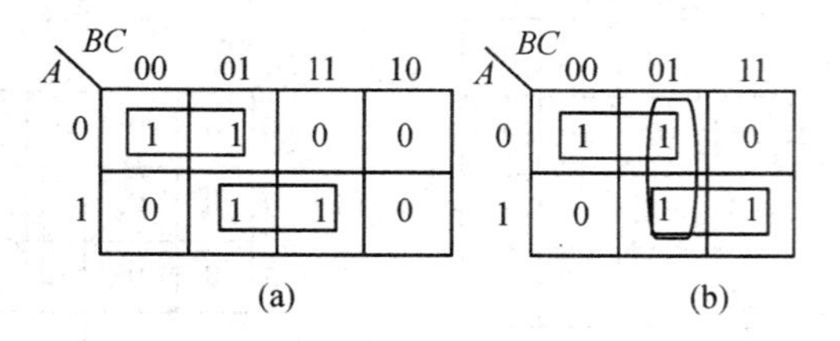

图 1-22　例 1-13 的卡诺图

【例 1-14】 用卡诺图化简逻辑函数：

$$F(A,B,C,D)=\sum(m_0,m_2,m_5,m_7,m_8,m_9,m_{10},m_{11},m_{12},m_{13},m_{14},m_{15})$$

解　(1) 首先画出逻辑函数 F 的卡诺图，如图 1-23(a)所示。

(2) 找出可以合并的最小项并用圈画出，合并最小项可得

$$F=A+BD+\overline{B}\cdot\overline{D}$$

(3) 观察图 1-23(a)可见，图中 0 的个数远少于 1 的个数，对于此类题目，还有另外一种方法，即通过圈 0 的方法进行化简。最小项的一个性质就是全部最小项的和为 1，卡诺图中填 1 的最小项之和为 1，计作 F，则卡诺图中填 0 的最小项的和为 0，必为 $\overline{F}$。因此，通过圈 0 化简后可求出 $\overline{F}$，再求反即可得到 F，如图 1-23(b)可得

$$\overline{F}=\overline{A}\overline{B}D+\overline{A}B\overline{D}$$

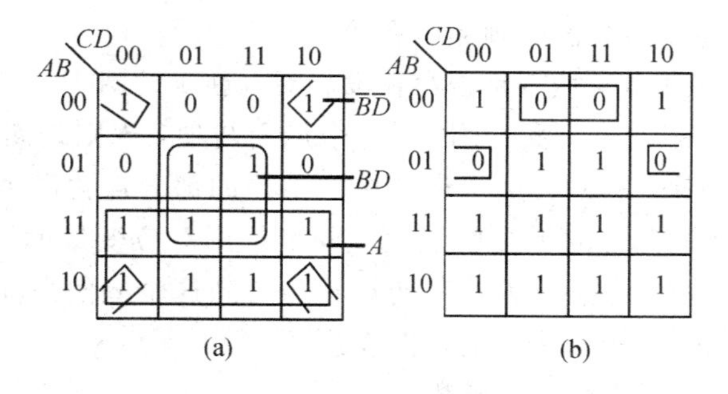

图 1-23　例 1-14 的卡诺图

通过求反得

$$\begin{aligned}F=\overline{\overline{F}}&=\overline{\overline{A}\overline{B}D+\overline{A}B\overline{D}}\\&=\overline{\overline{A}\overline{B}D}\cdot\overline{\overline{A}B\overline{D}}\\&=(A+B+\overline{D})(A+\overline{B}+D)\\&=A+A\overline{B}+AD+AB+BD+A\overline{D}+\overline{B}\overline{D}\\&=A+BD+\overline{B}\overline{D}\end{aligned}$$

由此可见，化简结果与圈 1 合并的结果相同。另外，还可看到，通过合并 0 可以很容易得到与或非形式。

【例 1-15】 已知某逻辑函数的真值表如表 1-15 所示，用卡诺图化简逻辑函数。

解 (1) 画出逻辑函数 F 的卡诺图。

(2) 找出可以合并的最小项并用圈画出，分析卡诺图可见，本例的卡诺图有两种画圈方法，如图 1-24 的(a)、(b)所示。

① 由图 1-24(a)可得

$$F=\overline{A}\overline{B}+AC+B\overline{C}$$

② 由图 1-24(b)可得

$$F=\overline{A}\overline{C}+\overline{B}C+AB$$

表 1-15　例 1-15 真值表

A	B	C	F
0	0	0	1
0	0	1	1
0	1	0	1
0	1	1	0
1	0	0	0
1	0	1	1
1	1	0	1
1	1	1	1

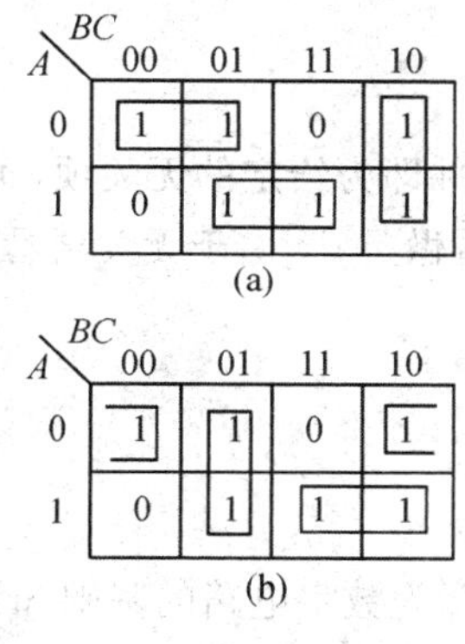

图 1-24　例 1-15 卡诺图

由此例可以看出，一个逻辑函数的真值表是唯一的，卡诺图也是唯一的，但化简结果有时却不是唯一的。

1.5.3　具有无关项的逻辑函数及其化简

在有些逻辑函数中，输入变量的某些取值组合不会出现，这样的取值组合所对应的最小项取值始终为 0，这些最小项称为无关项、任意项或约束项。

无关项的含义是在某种输入情况下恒为 0 的最小项，所以这些最小项既可以写入逻辑函数也可以不写入逻辑函数，在卡诺图中与这些最小项对应的位置既可填入 1 也可填入 0，在卡诺图中常用×或 ϕ 表示。在化简逻辑函数时，如果能合理利用无关项，一般都可得到更简化的结果。

一般来说，无关项在卡诺图中的表现比在表达式中更为明显，至于把无关项看做 1 还是 0，主要看它是否有利于得到更大的矩形组合，或者能够得到更少的矩形组合，即能够使逻辑函数更简。不利于原有 1 得到最大矩形的无关项，可以取 0 不进行化简。只要确定了无关项的取值，其化简方法和一般卡诺图的化简方法就是相同的。

【例 1-16】 用卡诺图化简具有无关项的逻辑函数：

$$F(A,B,C,D)=\sum(m_2,m_3,m_7,m_8,m_{11},m_{14})$$

给定约束条件为

$$m_0 + m_5 + m_{10} + m_{15} = 0$$

解 根据题意画出卡诺图，如图 1-25 所示。

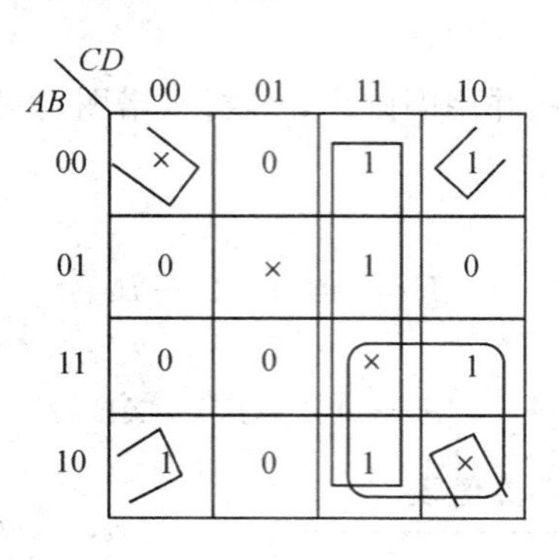

图 1-25 例 1-16 卡诺图

约束条件即为给定的无关项，由卡诺图可以看到，本题中的无关项在卡诺图中有的看做是 1，有的看做是 0，由于无关项看做是 1，得到了更大的矩形，从而使函数更简，所以函数为

$$F = AC + CD + \overline{B}\overline{D}$$

本章小结

(1) 本章为数字电路的基础知识，首先介绍了数字信号及其特点，还介绍了二进制数与十进制数及其相互转换。最常用的编码是 8421BCD 码，把十进制数转换成 8421BCD 码的方法需熟练掌握。

(2) 逻辑代数的基本知识中有三种基本逻辑关系：与、或、非，把它们合理地组合起来就是复合逻辑关系，常用的有与非、或非、与或非、异或、同或等。同一种逻辑关系可以用真值表、逻辑表达式、逻辑图和卡诺图四种方法表示。每一种表示方法都有优点和缺点，使用时要合理选择、扬长避短。逻辑函数四种表示方法之间的转换是本章的重点之一。

(3) 基本公式和常用公式是为化简逻辑函数服务的，灵活掌握并熟练应用这些公式可以把逻辑函数简化到最简。这是设计电路所必需的一步。

(4) 常用的化简方法有公式法和卡诺图法两种。两种方法都要求能够熟练掌握并且灵活运用。公式法化简不受变量个数的限制，因此适用于比较复杂的逻辑函数。但是这种方法没有固定的方法和步骤，要求熟练应用所有的公式而且还要有一定的技巧，试探性强，有时不能确定是否化简到了最简。卡诺图法化简简单、直观，只要按照规则去做就一定能够得到最简单的表达式。但超过四个变量时卡诺图太过庞大，一般不建议使用。

思考题与习题

1-1 将下列二进制数转换为等值的十进制数。

(1) $(10100)_2$ (2) $(0.0111)_2$ (3) $(110.101)_2$

1－2　将下列二进制数转换为等值的八进制数和十六进制数。

(1) $(1110.0111)_2$　　(2) $(1001.1101)_2$

1－3　将下列十进制数转换为等值的二进制数和十六进制数。要求二进制数保留小数点以后 4 位有效数字。

(1) $(25.7)_{10}$　　(2) $(188.875)_{10}$

1－4　完成下列数制、码制的变换。

$(00011000)_{8421BCD}=(\quad\quad)_{10}$

$(01110011)_{8421BCD}=(\quad\quad)_{10}$

$(37)_{10}=(\quad\quad)_{8421BCD}$

$(812)_{10}=(\quad\quad)_{8421BCD}$

1－5　证明下列逻辑恒等式(方法不限)。

(1) $A\bar{B}+B+\bar{A}B=A+B$　　(2) $(A+\bar{C})(B+D)(B+\bar{D})=AB+B\bar{C}$

1－6　将下列各函数式化为最小项之和的形式。

(1) $F=\bar{A}BC+AC+\bar{B}C$　　(2) $F=A\bar{B}\bar{C}D+BCD+\bar{A}D$

1－7　用逻辑代数的基本公式和常用公式化简下列各式。

(1) $AC\bar{D}+\bar{D}$　　(2) $A\bar{B}(A+B)$　　(3) $A\bar{B}+AC+BC$　　(4) $AB(A+\bar{B}C)$

1－8　用逻辑代数的基本公式和常用公式将下列逻辑函数化为最简与或形式。

(1) $F=A\bar{B}+B+\bar{A}B$　　(2) $F=A\bar{B}C+\bar{A}+B+\bar{C}$　　(3) $F=\overline{\bar{A}BC}+\overline{A\bar{B}}$

1－9　写出下图中各卡诺图所表示的逻辑函数式。

(1)

A \ BC	00	01	11	10
00	0	0	1	0
01	1	1	0	1

(2)

AB \ CD	00	01	11	10
00	1	0	0	1
01	0	1	0	0
11	0	0	1	0
10	1	0	0	1

1－10　用卡诺图化简法将下列函数化为最简与或形式。

(1) $F=ABC+ABD+\bar{C}\bar{D}+A\bar{B}C+\bar{A}C\bar{D}+A\bar{C}D$

(2) $F=A\bar{B}+\bar{A}C+BC+\bar{C}D$

第2章 逻辑门电路

知识重点

- TTL门电路的逻辑功能及其正确使用
- MOS门电路的逻辑功能及其正确使用

知识难点

- 晶体三极管的开关特性
- MOS管的开关特性
- 几种特殊门电路的应用

2.1 概 述

逻辑门电路是组成数字电路的基本单元电路，因此掌握门电路的构成和基本特性是学好数字电路的基础。

逻辑门电路是用以实现逻辑关系的电子电路，简称门电路。门电路包括分立元件门电路和集成门电路。分立元件门电路结构简单，但性能较差，目前多是用作集成电路内部的逻辑单元。集成门电路的种类比较多，功能和性能也比分立元件门电路强，因此使用方便，应用十分广泛。

除了掌握门电路的逻辑功能以外，了解门电路的外特性也很重要，只有正确使用门电路，才能实现它应有的逻辑功能。

2.2 逻辑门电路

2.2.1 晶体二极管门电路

1. 晶体二极管的开关特性

二极管的开关特性是指二极管在导通和截止两种稳定状态下的特性。由于二极管具有单向导电性，所以在数字电路中经常把它当作开关使用。

图2-1给出了二极管组成的开关电路图，图(a)为原理电路，图(b)为二极管导通状态下

的等效电路，图(c)为二极管在截止状态下的等效电路，图中认为二极管是理想的二极管，忽略了正向导通压降和反向电流。

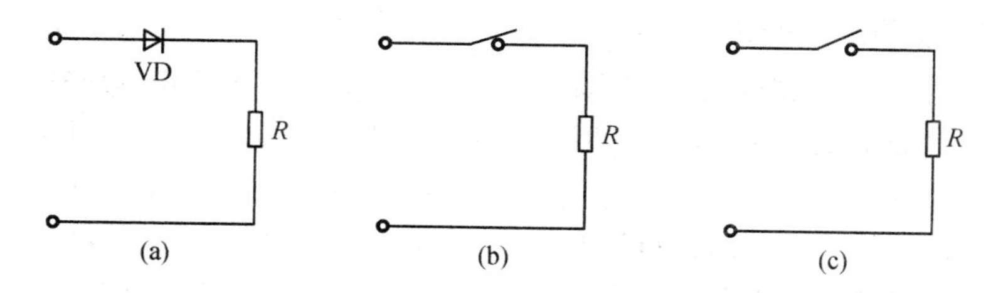

图 2-1　二极管组成的开关电路及其等效电路

2. 二极管与门

由二极管组成的与门电路如图 2-2 所示，图(a)为逻辑图，图(b)为逻辑符号。

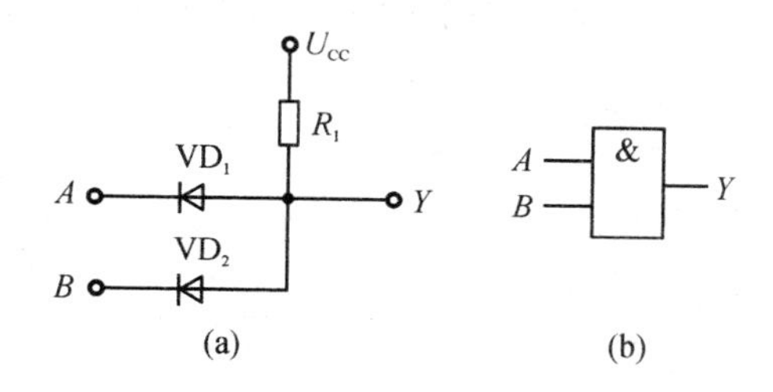

图 2-2　二极管与门

图中 A、B 为两个输入端，Y 为输出端，R_1 为限流电阻。设 VD_1、VD_2 为理想二极管，当输入端有低电平输入时，VD_1、VD_2 至少有一个是导通的，所以 Y 输出低电平；当输入端都为高电平时，Y 输出高电平。输出与输入之间的关系为"有 0 出 0，全 1 出 1"，所以图 2-2(a)实现的是"与"的逻辑关系，逻辑函数表达式为 $Y=A\cdot B$。

3. 二极管或门

由二极管组成的或门电路如图 2-3 所示，图(a)为逻辑图，图(b)为逻辑符号。

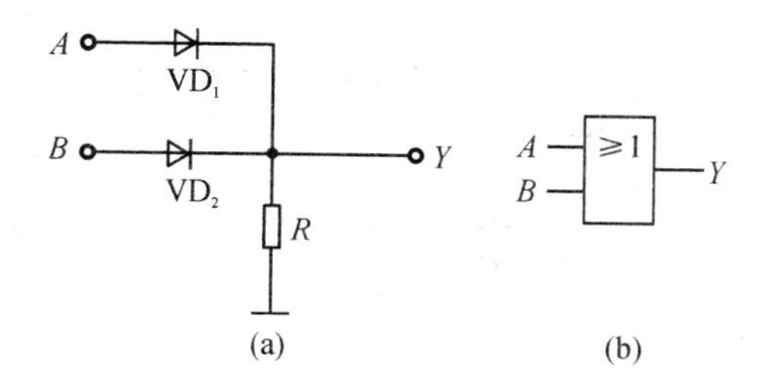

图 2-3　二极管或门

图中 A、B 为两个输入端，Y 为输出端，R 为限流电阻。设 VD_1、VD_2 为理想二极管，当输入端有高电平输入时，VD_1、VD_2 至少有一个是导通的，所以 Y 输出高电平；当输入端都为低电平时，Y 输出低电平。输出与输入之间的关系为"有 1 出 1，全 0 出 0"，所以图2-3(a)实现的是"或"的逻辑关系，逻辑函数表达式为 $Y=A+B$。

2.2.2　晶体三极管门电路

1. 晶体三极管的开关特性

三极管有截止、放大、饱和三种工作状态。在数字电路中三极管作为开关元件使用，只工作在饱和与截止两种状态，即基极作为控制信号，集电极与发射极之间相当于一个无触点开关。

（1）当输入高电平时，三极管饱和。$u_{BE}>0$，发射结、集电结均为正偏，$i_B \geqslant I_{BS} \approx U_{CC}/\beta R_C$（$I_{BS}$为临界饱和基极电流），此时 $i_C = I_{CS} \approx U_{CC}/R_C$（$I_{CS}$为临界饱和集电极电流），此时 $u_o \approx 0$，相当于开关的“闭合”，如图 2-4(a)所示是三极管饱和状态下的等效电路。

（2）当输入低电平时三极管截止。$u_{BE}<0$，发射结、集电结均反偏，$i_B \approx 0$，$i_C \approx 0$，$u_o \approx U_{CC}$，相当于开关的“断开”，如图 2-4(b)所示是三极管截止时的等效电路。

晶体三极管在截止与饱和这两种稳态下的特性称为三极管的静态开关特性。

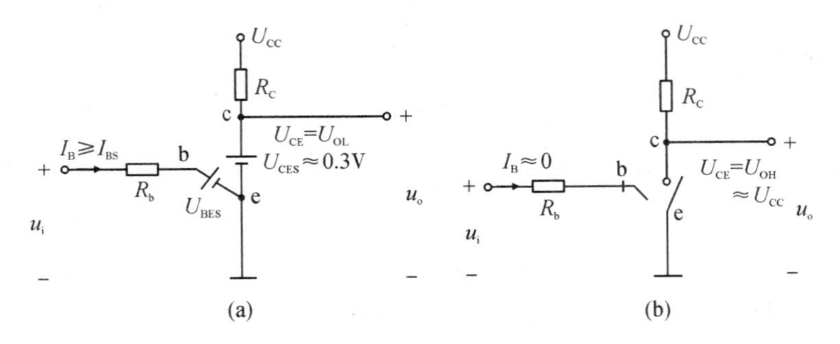

图 2-4　晶体三极管的等效电路

2. 三极管非门

三极管非门电路如图 2-5 所示。图(a)为逻辑图，图(b)为逻辑符号。

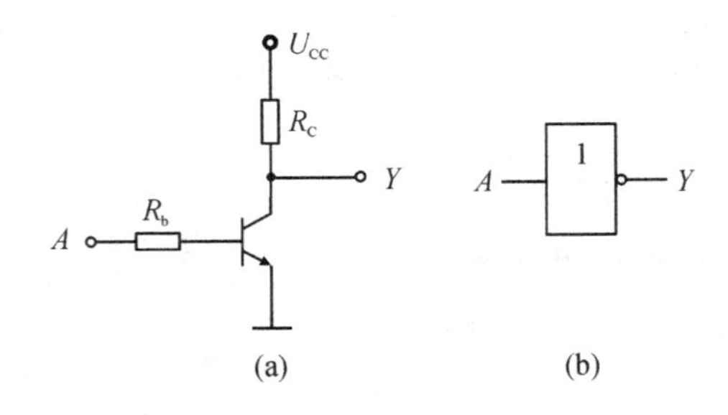

图 2-5　三极管非门

图中只有一个输入端 A，一个输出端 Y。当输入高电平时，三极管导通，输出低电平；当输入低电平时，三极管截止，输出高电平。输出与输入之间的关系为“是 1 出 0，是 0 出 1”，所以图 2-5(a)实现的是“非”的逻辑关系，逻辑函数表达式为$Y=\overline{A}$。

2.2.3　复合逻辑门电路

在实际的逻辑问题中，逻辑关系往往要比与、或、非复杂得多，不过还可以将它们适当组合成复合逻辑门电路，常用的有与非、或非、与或非、异或等。因为电路比较复杂，所以用集成电路来实现。

1. 与非门

与非门是把与门和非门组合起来，逻辑符号如图 2-6(a)所示，表达式为 $Y=\overline{AB}$。

2. 或非门

或非门是把或门和非门组合起来，逻辑符号如图 2-6(b)所示，表达式为 $Y=\overline{A+B}$。

3. 与或非门

与或非门是把与门，或门和非门组合起来，逻辑符号如图 2-6(c)所示，表达式为 $Y=\overline{AB+CD}$。

4. 异或门

异或门的特点是两个输入不同时输出为 1，相同时输出为 0，逻辑符号如图 2-6(d)所示，表达式为 $Y=A\overline{B}+\overline{A}B$。

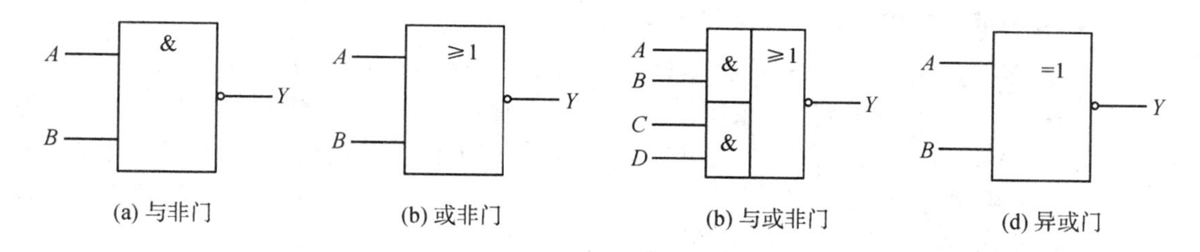

(a) 与非门 (b) 或非门 (b) 与或非门 (d) 异或门

图 2-6 复合逻辑门

2.3 集成逻辑门电路

2.3.1 与非门的工作原理

1. TTL 非门(又称反相器)的工作原理

TTL 反相器由输入级、中间级和输出级三部分组成，典型电路如图 2-7(a)所示。

(1) 输入电压 U_I 为低电平时，V_1 管的发射结由于有正向偏压而导通，通过 R_1 的偏流大部分流到 V_1 管的发射极，V_2 管因基极电流 I_{B2} 很小而截止，此时 V_2 管集电极的高电位使 V_3 管和二极管 VD_2 同时导通；V_2 管发射极的低电位使 V_4 管截止，输出高电平。

(2) 输入电压 U_I 为高电平时，V_1 管因发射结反偏而截止，而 V_1 管的集电结由于正偏而导通，通过 R_1 的电流，流向 V_1 管的集电极，为 V_2 管提供基极电流 I_{B2}，使 V_2 管饱和导通，进而使 V_4 管饱和导通；由于 V_2 的集电极为低电位，V_3 和 VD_2 管同时截止，输出低电平。

综上所述，如图 2-7(a)所示的 TTL 反相器，输入低电平时，输出高电平；输入高电平时，输出低电平，起到了反相的作用。图(b)为逻辑符号。

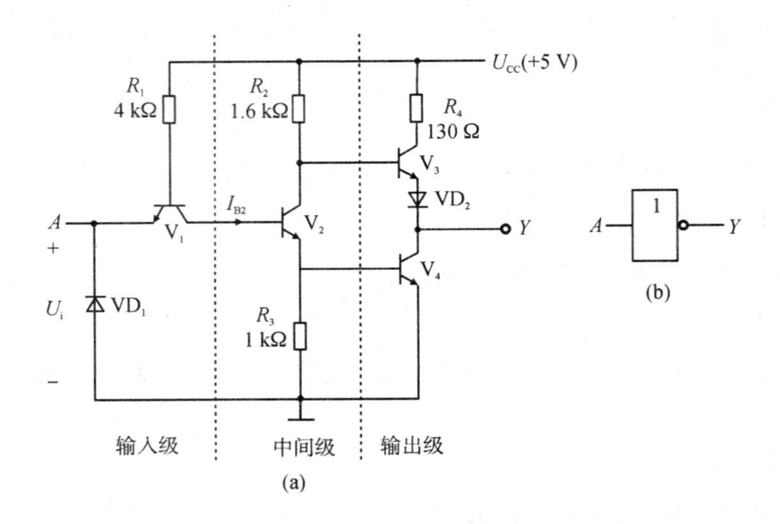

图 2－7　TTL 非门内部结构电路及逻辑符号

2. TTL 与非门的内部结构及工作原理

TTL 与非门是在 TTL 反相器的基础上加以改造而成的，所以工作原理和非门相似，此处不再赘述。改进之一，将 V_1 改用多发射极三极管，起“与”的逻辑功能。改进之二，将输出端的 V_3、VD_2 用一个复合三极管 V_3、V_4 代替，与输出管组成推拉式输出级，内部电阻的阻值进行了相应的调整。主要目的是进一步减小功耗，提高工作速度和带负载能力。集成 TTL 与非门内部结构电路及逻辑符号如图 2－8 所示。

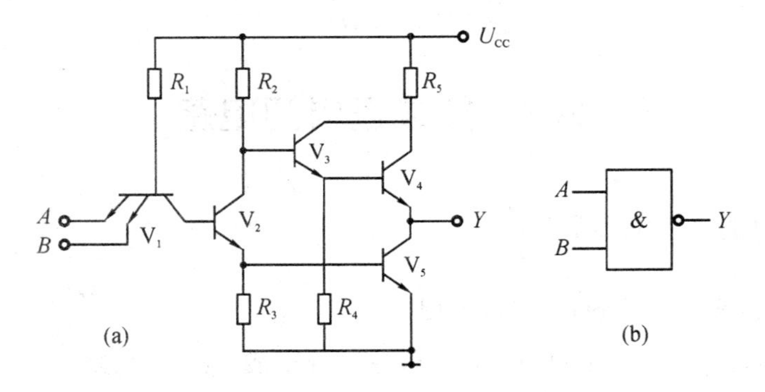

图 2－8　TTL 与非门内部结构电路及逻辑符号

2.3.2　与非门的外特性

1. TTL 非门的主要特性

(1) 电压传输特性：它表示反相器输出电压与输入电压之间的关系，如果用曲线表示则称为电压传输特性曲线。TTL 反相器的电压传输特性曲线如图 2－9 所示。

由图 2－9 可以看出：当输入电压 u_I 较小时，输出电压为高电平(理论值为 3.6 V)；输入电压 u_I 大于 U_{TH}(称为门槛电压或阈值电压，约 1.4 V)后，输出电压为低电平(理论值在 0.3 V 以下)。所以门槛电压(阈值电压)U_{TH}是决定反相器输出端状态的关键值。

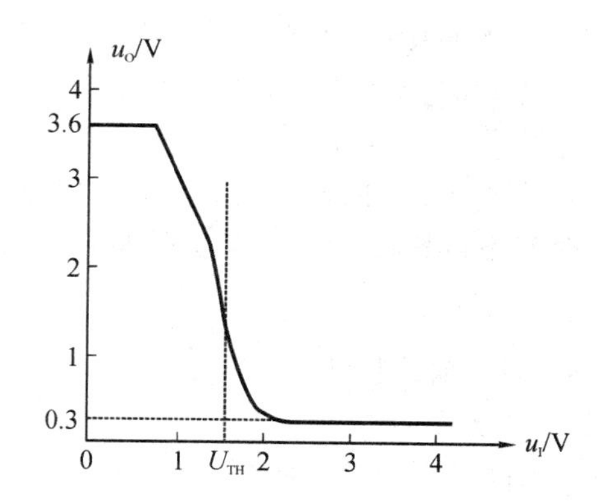

图 2-9 TTL 反相器的电压传输特性曲线

(2) 输入特性：它表示反相器输入电流 i_I 与输入电压 u_I 之间的关系，如果用曲线表示则称为电压输入特性曲线。TTL 反相器的输入特性曲线如图 2-10 所示。

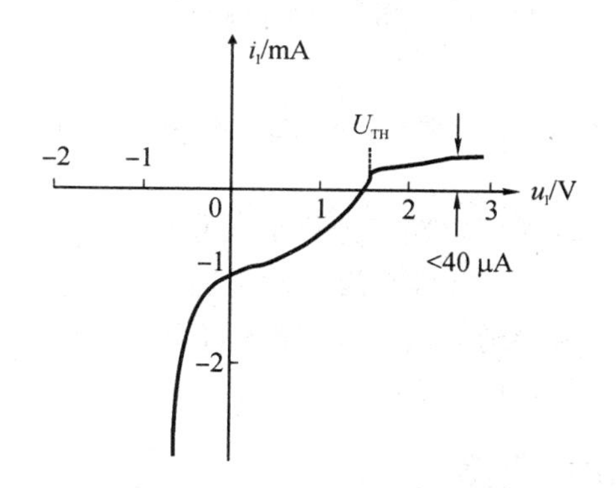

图 2-10 TTL 反相器的输入特性

曲线上电流 i_I 为负值时表示反相器输入端流出电流，i_I 为正值时表示电流流入反相器的输入端。曲线表明：当输入电压 u_I 小于门槛电压时，反相器截止，输入端流出电流；当输入电压 u_I 大于门槛电压时，反相器导通，输入端流入电流。

(3) 输出特性：它表示反相器输出电压 u_O 与输出电流 i_O 的关系曲线，称为输出特性曲线，简称输出特性。TTL 反相器的输出特性曲线如图 2-11 所示。

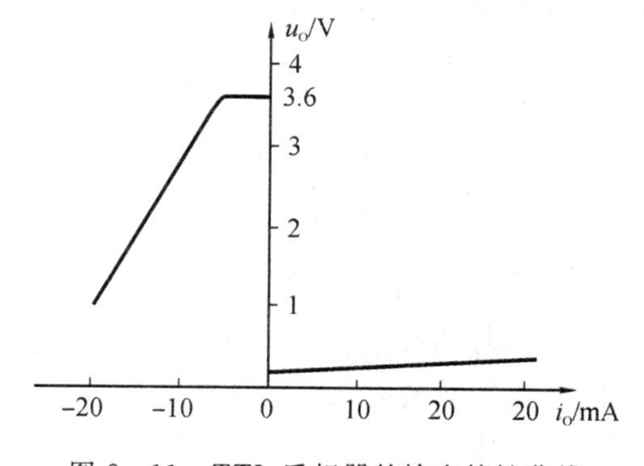

图 2-11 TTL 反相器的输出特性曲线

曲线的右边部分为输出低电平的特性，反映了输出为低电平时，由负载电阻 R_L 灌入输出端的电流。i_O 增加时，输出电压 u_O 缓慢上升；曲线的左边部分为输出高电平的特性，反映输出为高电平时，当负载电阻 R_L 减小，流出输出端的电流 i_O 增大时，输出电压 u_O 随之下降。当 $R_L=0$ 时，即输出端对地短路时的输出电流叫做输出短路电流。一般规定，输出为高电平时，输出端对地短路时间不得超过 1 s，否则器件会因过热而损坏。

2. TTL 与非门主要特性

TTL 与非门的电压传输特性、输入特性、输出特性与 TTL 非门相似，这里不再重复。

TTL 与非门的主要指标参数如下：

(1) 输出高电平 U_{OH}：输出高电平 U_{OH} 是指至少有一个输入端接低电平时的输出电平。U_{OH} 的典型值是 3.4 V。产品规范值为 $U_{OH}\geqslant 2.4$ V，74LS00 的指标：$U_{OH}>2.7$ V。

(2) 输出低电平 U_{OL}：输出低电平 U_{OL} 是指输入全为高电平时的输出电平。U_{OL} 的典型值是 0.3 V，产品规范值为 $U_{OL}\leqslant 0.4$ V，74LS00 的指标：$U_{OL}<0.5$ V。

(3) 扇出系数 N_o：扇出系数 N_o 是指与非门输出端连接同类门负载的个数，反映了与非门的带负载能力。一般 $N_o\geqslant 8$。

(4) 扇入系数 N_i：扇入系数 N_i 指与非门允许的输入端数目。一般 N_i 为 2～5，最多不超过 8。

扇入系数和扇出系数是反映门电路互连性能的指标。

(5) 空载功耗 P：空载功耗是当与非门空载时电源总电流 I_{CC} 和电源电压 U_{CC} 的乘积。输出低电平时的功耗称为空载导通功耗 P_{ON}，输出高电平时的功耗称为空载截止功耗 P_{OFF}。

P_{ON} 总比 P_{OFF} 大，平均功耗 $P=(P_{ON}+P_{OFF})/2$，一般 $P<50$ mW。

2.3.3 其他功能的逻辑门电路

1. 集电极开路门(简称 OC 门)

普通与非门电路不允许输出端直接并联使用，因为每个与非门输出级的三极管都带有负载电阻 R_L，输出电阻较小，若多个与非门的输出端并联，将产生较大的电流，流入输出低电平的与非门，造成功耗较大，甚至损坏门电路。OC 门是把一般 TTL 与非门电路的推拉式输出级改为三极管集电极开路输出，并取消集电极负载电阻 R_L，集电极开路后，输出端可以直接并联使用，这样构成的特殊逻辑门称为集电极开路与非门。

OC 门的逻辑符号如图 2-12 所示。

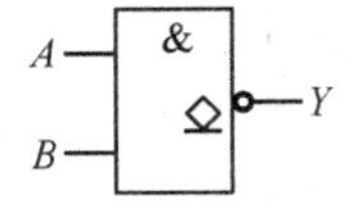

图 2-12　集电极开路与非门的逻辑符号

OC 门由于结构特殊，所以具有特殊的用途。集电极开路与非门在计算机中应用很广泛，可以用它实现“线与”逻辑、电平转换；也可直接驱动发光二极管、干簧继电器等。

(1) 线与：如图 2-13(a)所示连接，其逻辑表达式为：$Y=\overline{AB}\cdot\overline{CD}\cdot\overline{EF}=\overline{AB+CD+EF}$，由表达式可以看出，实现的是“与或非”的逻辑功能。

注意：使用时为保证 OC 门正常工作，必须在集成逻辑门电路的输出端外接一个负载电阻 R_L，只有外接负载电阻 R_L 和电源 U'_{CC}后才能正常工作。

（2）电平转移：一般 TTL 门路的输出高电平为 3.6 V，在需要更高电平输出的情况下，可利用图 2-13(b)所示的电路，将 OC 门的输出经负载电阻 R_L 接向 +10 V 的电源电压。这样，当电路输入低电平时，输出管截止，输出高电平为 10 V。

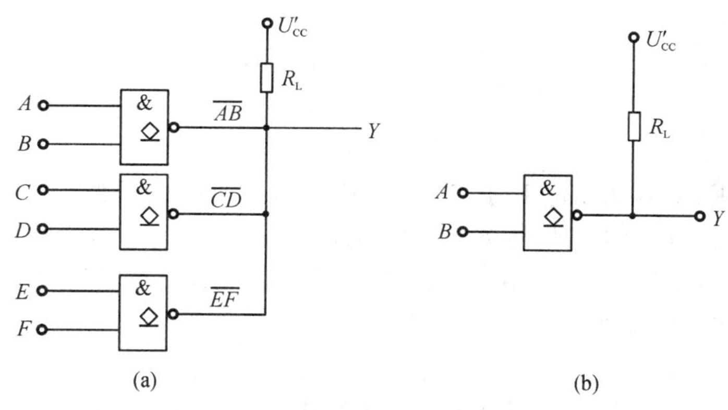

图 2-13　OC 门的应用

2. CMOS 传输门

1）CMOS 电路简介

采用 MOS 场效应晶体管作为开关元件的门电路称为 MOS 门电路。MOS 门电路具有制造工艺简单、集成度高、功耗小、抗干扰能力强等优点。由于 MOS 管导通时的漏源电阻 r_{DS}比晶体三极管的饱和电阻 r_{CES}要大得多，漏极外接电阻 R_D 也比晶体管集电极电阻 R_C 大，所以，MOS 管的充、放电时间较长，其开关速度比晶体三极管的开关速度低。不过，在 CMOS(利用 NMOS 和 PMOS 连接成互补结构)电路中，由于充电电路和放电电路都是低阻电路，因此，充、放电过程都比较快，从而使 CMOS 电路有较高的开关速度。目前高速 CMOS 集成逻辑门可以与 TTL 门相媲美。所以 CMOS 电路是目前应用较普遍的逻辑电路之一。

2）CMOS 传输门的原理

CMOS 传输门是一个由传输信号控制的开关(Transmission Gate，TG)。

CMOS 传输门由一个增强型 NMOS 管 V_1 和增强型 PMOS 管 V_2 并联而成。V_2 接正电源，V_1 接地，两管源极相连作为输入端，漏极相连作为输出端，两管栅极分别作控制端，加一对幅度相等、相位相反的控制信号 C 和 $\bar{C}$，去控制传输门的导通和截止。CMOS 传输门如图 2-14 所示。图(a)为逻辑图，图(b)为逻辑符号。

在图 2-14(a)中，设 V_1、V_2 的开启电压 $|U_{TH}|>3$ V，$U_{IH}=U_{DD}=10$ V，$U_{IL}=0$ V。

C 端加高电平 10 V，$\bar{C}$ 端加低电平 0 V。若 $u_i=10$ V，则 $U_{GS1}=0$ V，V_1 管截止，$U_{GS2}=-10$ V，V_2 管导通，$u_o=u_i=10$ V；若 $u_i=0$ V，则 $U_{GS1}=10$ V，V_1 管导通，$U_{GS2}=0$ V，V_2 管截止，$u_o=u_i=0$ V。这说明，当控制端 C 为高电平、$\bar{C}$ 为低电平，输入信号在 0～10 V 之间时，至少有一个管子是导通的，称为传输门导通，输入信号能够传送到输出端，即 $u_o=u_i$。同时，由于 MOS 管的结构是对称的，即源极和漏极可以互换使用，因此，传输门的输入端和输出端可以互换使用，以实现信号双向传输，即 CMOS 传输门具有双向性，故又称为可控双向开关。

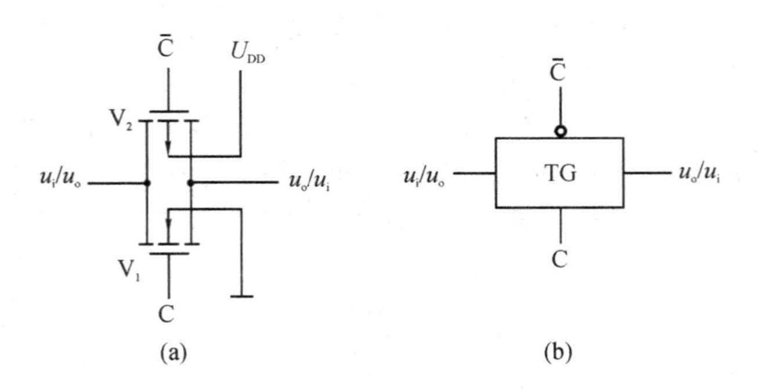

图 2-14 CMOS 传输门

C 端加低电平，$\bar{C}$ 端为高电平时，V_1 管、V_2 管同时截止，相当于开关断开。这时即使 u_i 在 0～10 V 变化，输出电压始终是 0，信号无法传输到输出端，称为传输门截止。

传输门接通时其导通电阻很小(约几百欧)，截止时其断开电阻很大(大于 10 MΩ)，有较理想的开关特性，使用极为广泛。

3) CMOS 传输门的应用

作为 CMOS 传输门的应用，先介绍一下 CMOS 模拟开关。CMOS 模拟开关如图 2-15 所示。图(a)为 CMOS 模拟开关的逻辑图，图(b)为 CMOS 模拟开关的逻辑符号。

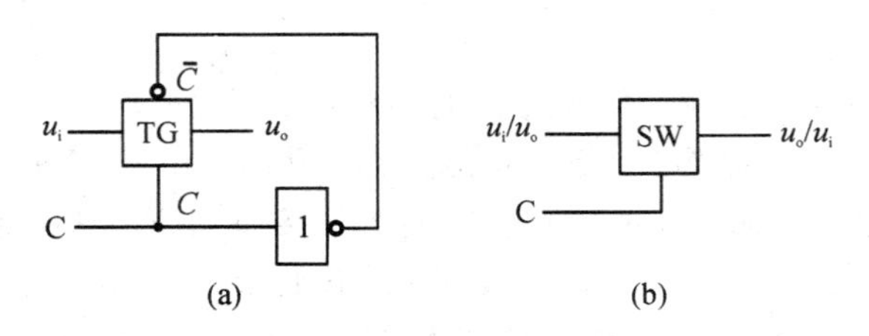

图 2-15 CMOS 模拟开关

如图 2-15(a)所示，利用一个 CMOS 传输门和一个反相器可以组成模拟开关。反相器使传输门得到两个相反的控制信号。当 C 端加低电平、$\bar{C}$ 端为高电平时，传输门截止；当 C 端加高电平、$\bar{C}$ 端为低电平时，传输门导通，$u_o=u_i$，而且可以双向使用。

可见，变换两个控制端的互补信号，可以使传输门接通或断开，从而决定输入端的模拟信号(0～U_{DD}之间的任意电平)是否能够传送到输出端。所以，传输门实质上是一种传输模拟信号的压控开关。

2.3.4 实用集成门电路简介

1. 74LS00 四 2 输入与非门

74LS00 集成电路内部有 4 个同样的与非门，每一个与非门有两个输入端和一个输出端，U_{CC}为电源电压的正极，GND 为公共端，如图 2-16 所示。

2. CC4011 四 2 输入与非门

集成 CMOS 与非门 CC4011 和 TTL 与非门的功能完全一样，但是工作电源电压不同。74LS00 电源电压是 5 V，而 CC4011 工作电源电压是 3～18 V。

CC4011中有4个完全相同的与非门，每一个与非门有两个输入端和一个输出端。1A、1B、1Y为第一个与非门，2A、2B、2Y为第二个与非门，3A、3B、3Y为第三个与非门，4A、4B、4Y为第四个与非门。U_{DD}为电源的正极，U_{SS}为电源的负极。引脚图如图2-17所示，可见它的引脚排列方式与74LS00不同。因此虽然二者功能相同，但是不能直接代换使用。

TTL门电路的电源电压正端常用"U_{CC}"表示，负端用"GND"表示。CMOS电路的电源正端则用"U_{DD}"表示，负端用"U_{SS}"表示。

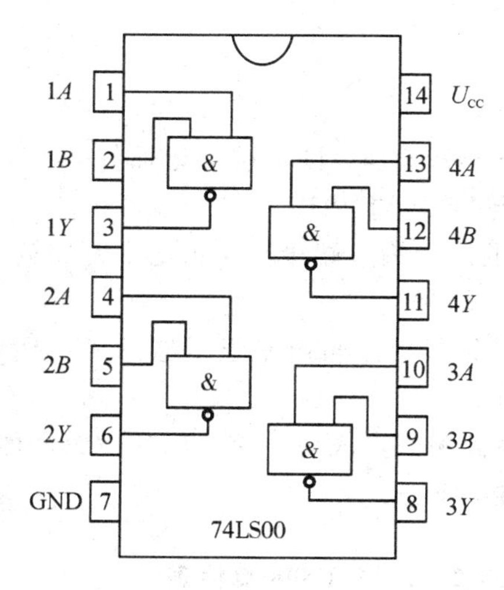

图2-16 TTL与非门74LS00引脚排列

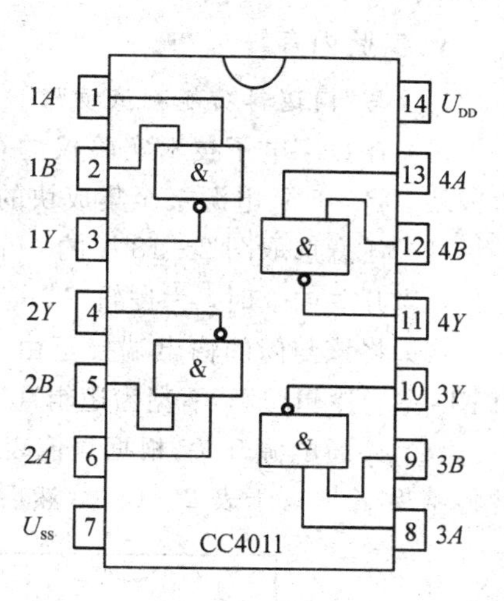

图2-17 CMOS与非门CC4011引脚排列

3. 集成门电路使用注意事项

(1) TTL门电路对电源电压要求较高，要保持+5 V(±10%)，过低不能正常工作，过高易损坏器件。CC4000系列的CMOS电路电源电压使用范围较宽，3～18 V均可。

(2) 集成门电路的输出端不允许直接接正电源或地，否则将损坏器件。

(3) 集成门电路多余的输入端要进行合理的处理，以免造成逻辑状态混乱。故通常将与门、与非门多余的输入端接高电平或并联使用，而将或门、或非门多余的输入端接地或并联使用。

(4) CMOS集成电路在储存或运输时不允许与容易产生静电的材料相接触；不可用手直接触摸CMOS器件的引线端子。

(5) 在通电状态下不准插入或拔出集成电路。

2.4 实验：集成门电路的实践应用

2.4.1 基本逻辑门电路逻辑功能测试

1. 实验目的

(1) 熟悉基本逻辑门电路的逻辑功能。

(2) 掌握基本逻辑门电路功能测试的方法。

(3) 熟悉各种门电路的管脚排列，熟悉数字电路实验仪的使用方法。

2. 实验仪器

(1) 直流稳压电源。

(2) 数字电路实验箱。

(3) 芯片：74LS08(二输入端四与门)、74LS32(二输入端四或门)、74LS04(六反相器)，其引脚排列图见图 2-18 和图 2-20。

3. 实验内容

1)"与"门逻辑功能测试步骤

(1) 在数字电子技术实验仪的合适位置选取一个 14P 插座，按定位标记插好 74LS08 集成块。将+5 V 电源接至集成块的 14 引脚，7 引脚与"接地端"相连。

(2) 任意选取图 2-18 中的一个与门，将该与门的两个输入端接至逻辑电平开关输出插口，当开关向上时，为逻辑"1"；当开关向下时，为逻辑"0"。

(3) 将该与门的输出端接至由 LED(发光二极管)组成的逻辑电平显示器的显示插口(LED 亮为逻辑"1"，不亮为逻辑"0")。

(4) 接通电源开关，根据真值表中的 A、B 输入条件测试集成块中该与门的逻辑功能，并将结果 Y 填写于表 2-1 中，然后写出该功能块的逻辑表达式。

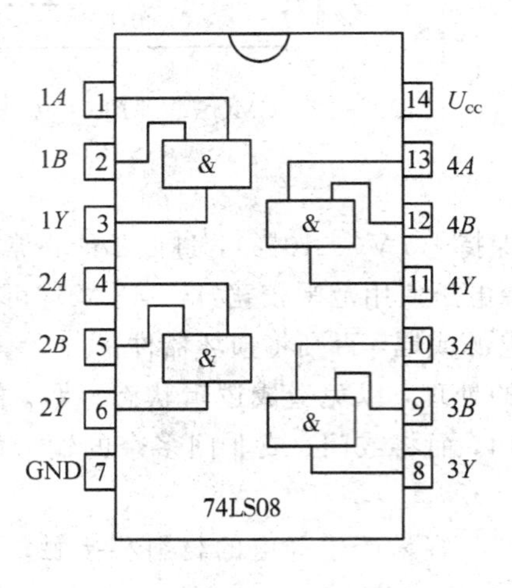

图 2-18 74LS08 引脚图

表 2-1 74LS08 真值表

输入		输出
A	B	Y
0	0	
0	1	
1	0	
1	1	

2)"或"门逻辑功能测试步骤

(1) 在数字电子技术实验仪的合适位置选取一个 14P 插座，按定位标记插好 74LS32 集成块。将+5 V 电源接至集成块的 14 引脚，7 引脚与"接地端"相连。

(2) 任意选取图 2-19 中的一个或门，将该或门的两个输入端接至逻辑电平开关输出插口，当开关向上时，为逻辑"1"；当开关向下时，为逻辑"0"。

(3) 将该或门的输出端接至由 LED(发光二极管)组成的逻辑电平显示器的显示插口(LED 亮为逻辑"1"，不亮为逻辑"0")。

(4) 接通电源开关，根据真值表中的 A、B 输入条件测试集成块中该或门的逻辑功能，并将结果 Y 填写于表 2-2 中，然后写出该功能块的逻辑表达式。

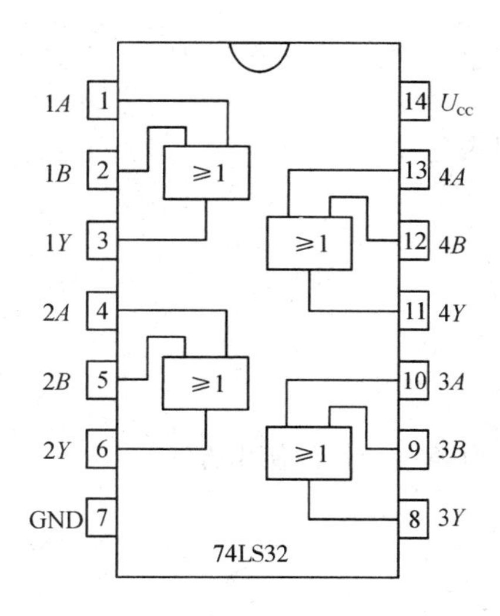

图 2-19 74LS32 引脚图

表 2-2 74LS32 真值表

输入		输出
A	B	Y
0	0	
0	1	
1	0	
1	1	

3)"非"门逻辑功能测试步骤

(1) 在数字电子技术实验仪的合适位置选取一个 14P 插座，按定位标记插好 74LS04 集成块。将+5 V 电源接至集成块的 14 引脚，7 引脚与"接地端"相连。

(2) 任意选取图 2-20 中的一个非门，将该非门的输入端接至逻辑电平开关输出插口，当开关向上时，为逻辑"1"；当开关向下时，为逻辑"0"。

(3) 将该非门的输出端接至由 LED(发光二极管)组成的逻辑电平显示器的显示插口(LED 亮为逻辑"1"，不亮为逻辑"0")。

(4) 接通电源开关，根据真值表中的 A 输入条件测试集成块中该或门的逻辑功能，并将结果 Y 填写于表 2-3 中，然后写出该功能块的逻辑表达式。

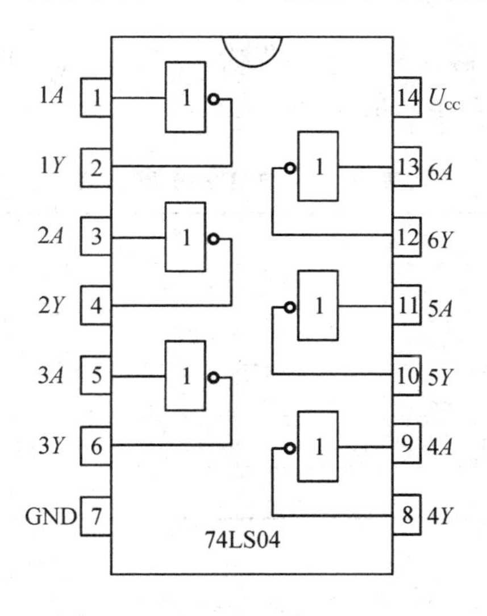

图 2-20 74LS04 引脚图

表 2-3 74LS04 真值表

输入	输出
A	Y
0	
1	

4. 实验报告要求

(1) 填写并整理测试结果。

(2) 根据测试结果，写出相应门电路的逻辑表达式。

2.4.2 复合逻辑门电路逻辑功能测试

1. 实验目的

(1) 熟悉复合逻辑门电路的逻辑功能。

(2) 掌握复合逻辑门电路功能测试的方法。

(3) 熟悉各种门电路的管脚排列，以及数字电路实验仪的使用方法。

2. 实验仪器

(1) 直流稳压电源。

(2) 数字电路实验箱。

(3) 芯片：74LS00(二输入端四与非门)、74LS86(二输入端四异或门)，其引脚排列图见图 2-16 和图 2-22。

3. 实验内容

1)"与非"门逻辑功能测试步骤

(1) 在数字电子技术实验仪的合适位置选取一个 14P 插座，按定位标记插好 74LS00 集成块。将+5 V 电源接至集成块的 14 引脚，7 引脚与"接地端"相连，如图 2-21 所示。

(2) 任意选取图 2-16 中的一个与门，将该与门的两个输入端接至逻辑电平开关输出插口，当开关向上时，为逻辑"1"；当开关向下时，为逻辑"0"。

(3) 将该与非门的输出端接至由 LED(发光二极管)组成的逻辑电平显示器的显示插口(LED 亮为逻辑"1"，不亮为逻辑"0")。

(4) 接通电源开关，根据真值表中的 A、B 输入条件测试集成块中该与非门的逻辑功能，并将结果 Y 填写于表 2-4 中，然后写出该功能块的逻辑表达式。

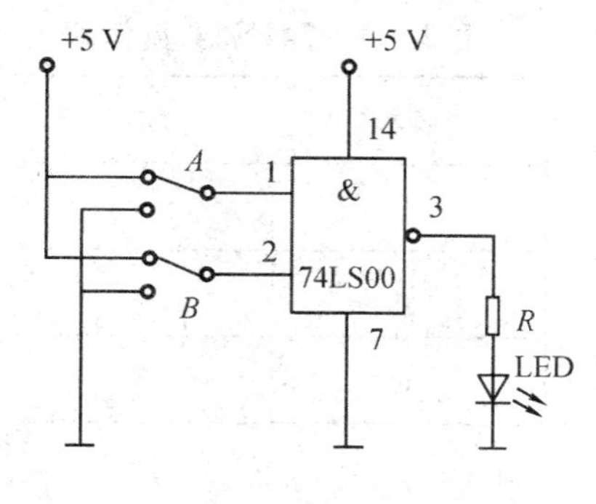

图 2-21 74LS00 功能测试电路图

表 2-4 74LS00 真值表

输入		输出
A	B	Y
0	0	
0	1	
1	0	
1	1	

2)"异或"门逻辑功能测试步骤

(1) 在数字电子技术实验仪的合适位置选取一个 14P 插座，按定位标记插好 74LS86 集成块。将+5 V 电源接至集成块的 14 引脚，7 引脚与"接地端"相连，如图 2-22 所示。

(2) 任意选取图 2-23 中的一个异或门，将它的两个输入端接至逻辑电平开关输出插口，当开关向上时，为逻辑“1”；当开关向下时，为逻辑“0”。

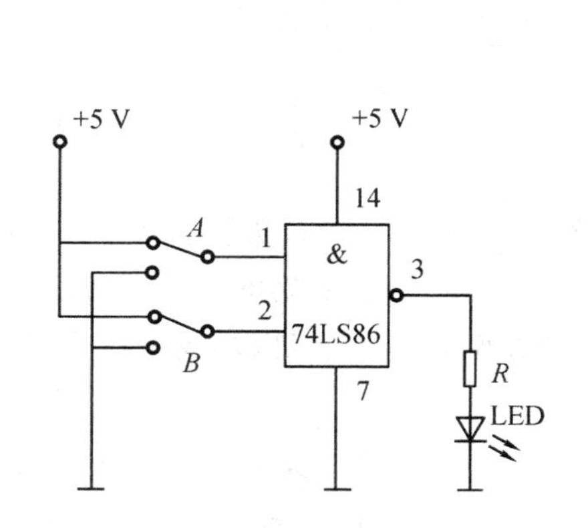

图 2-22 74LS86 逻辑功能测试电路

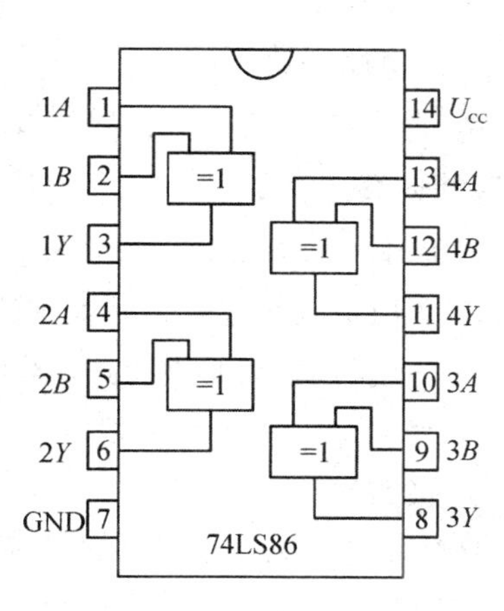

图 2-23 74LS86 引脚图

(3) 将该与非门的输出端接至由 LED(发光二极管)组成的逻辑电平显示器的显示插口(LED 亮为逻辑“1”，不亮为逻辑“0”)。

(4) 接通电源开关，根据真值表中的 A、B 输入条件测试集成块中该异或门的逻辑功能，并将结果 Y 填写于表 2-5 中，然后写出该功能块的逻辑表达式。

表 2-5 74LS86 真值表

输入		输出
A	B	Y
0	0	
0	1	
1	0	
1	1	

4. 实验报告要求

(1) 填写并整理测试结果。

(2) 根据测试结果，写出相应门电路的逻辑表达式。

2.4.3 逻辑门电路的功能转换

1. 实验目的

(1) 熟悉逻辑门电路的功能转换及测试方法。

(2) 熟悉各种门电路的管脚排列，以及数字电路实验仪的使用方法。

2. 实验仪器

(1) 直流稳压电源。

(2) 数字电路实验箱。

(3) 芯片：74LS00(二输入端四与非门)，其引脚排列图见图 2-16。

3. 实验内容

1)“用与非门构成或门”逻辑功能测试步骤

利用与非门可以组成许多其他逻辑门。要实现其他逻辑门的功能，只要将该门的逻辑函数表达式化成与非-与非表达式，然后用多个与非门连接起来就可以达到目的。例如，要实现或门 $Y=A+B$，则根据摩根定律，或门的逻辑函数表达式可以写成 $Y=\overline{\overline{A}\cdot\overline{B}}$，可用三个与非门连接实现。

(1) 在数字电子技术实验仪的合适位置选取一个 14 P 插座，按定位标记插好 74LS00 集成块。将+5 V 电源接至集成块的 14 引脚，7 引脚与“接地端”相连。

(2) 任意选取图 2-21 中的三个与非门，按照图 2-24 所示的电路图连接这三个与非门的各个引脚。将 A、B 两个输入端接至逻辑电平开关输出插口，当开关向上时，为逻辑“1”；当开关向下时，为逻辑“0”。

(3) 将该电路的输出端 Y 接至由 LED(发光二极管)组成的逻辑电平显示器的显示插口(LED 亮为逻辑“1”，不亮为逻辑“0”)。

(4) 接通电源开关,根据真值表中的 A、B 输入条件测试集成块中该与非门的逻辑功能，并将结果 Y 填写于表 2-6 中，然后写出该功能块的逻辑表达式。

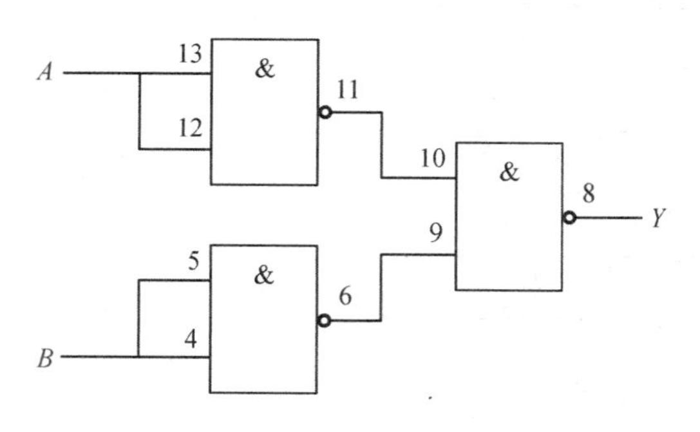

图 2-24　与非门组成或门

表 2-6　或门真值表

输入		输出
A	B	Y
0	0	
0	1	
1	0	
1	1	

2)“用与非门构成异或门”逻辑功能测试步骤

异或门的逻辑函数表达式可以写成

$$Y=A\oplus B=\overline{A}B+A\overline{B}=\overline{\overline{\overline{AB}A}\cdot\overline{B\,\overline{AB}}}$$

由此可知用 4 个与非门即可组成异或门。

(1) 在数字电子技术实验仪的合适位置选取一个 14P 插座，按定位标记插好 74LS00 集成块。将+5 V 电源接至集成块的 14 脚，7 脚与“接地端”相连。

（2）按照图 2-25 所示的电路图连接这四个与非门的各个引脚。将 A、B 两个输入端接至逻辑电平开关输出插口，当开关向上时，为逻辑“1”；当开关向下时，为逻辑“0”。

（3）将该电路的输出端 Y 接至由 LED(发光二极管)组成的逻辑电平显示器的显示插口（LED 亮为逻辑“1”，不亮为逻辑“0”）。

（4）接通电源开关，根据真值表中的 A、B 输入条件测试集成块中该与非门的逻辑功能，并将结果 Y 填写于表 2-7 中，然后写出该功能块的逻辑表达式。

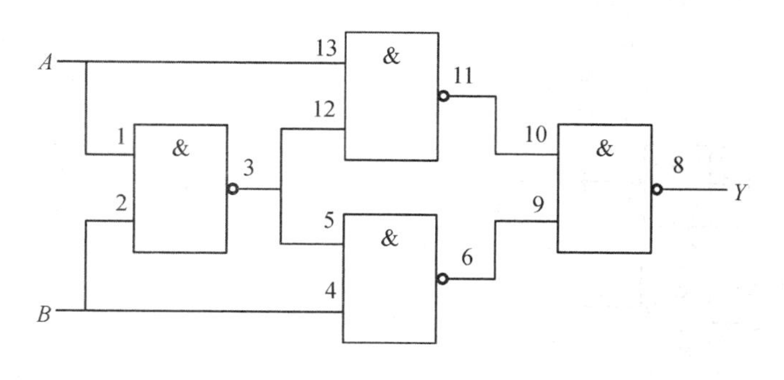

图 2-25　74LS00 与非门组成异或门的电路

表 2-7　异或门真值表

输　入		输　出
A	B	Y
0	0	
0	1	
1	0	
1	1	

4. 实验报告要求

（1）填写并整理测试结果。

（2）根据测试结果，写出相应门电路的逻辑表达式。

本章小结

（1）本章以二极管、三极管、MOS 管的开关特性为基础，介绍了基本逻辑门电路的逻辑特点，讲述了 TTL 及 MOS 管逻辑门电路的基本工作原理及其使用的注意事项。

（2）在数字电路中，利用二极管的“导通”、“截止”和三极管“饱和”、“截止”状态所对应的通、断状态，将其用作逻辑开关器件。

（3）N 沟道和 P 沟道增强型 MOS 管也具有更独特的开关特性。逻辑门电路可以由分立元件构成，也可由集成电路来实现，常用的集成门电路有 TTL 和 CMOS 两种。高速 CMOS 电路，其工作速度已可与 TTL 相比拟，CMOS 集成电路在数字电路中已占据了主导地位。

思考题与习题

2-1　二极管导通和截止相当于开关的通断，其相应的条件是什么？

2-2　三极管用作开关时，工作在哪两个区域？三极管饱和时要符合什么条件？三极管截止的条件是什么？

2-3　能否将与非门、或非门、异或门当做反相器使用？如果可以，各输入端应如何连接？

2-4　多输入端与门和多输入端或门中的多余输入端应该如何处理?

2-5　分析下图所示电路的接法是否正确，若有错，说明正确的接法。

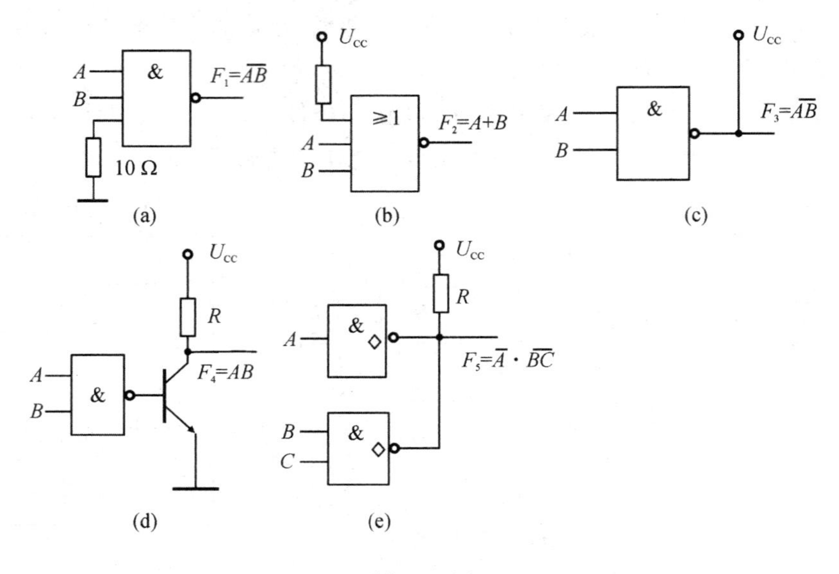

题 2-5 图

第 3 章　组合逻辑电路

知识重点

- 组合逻辑电路的分析方法
- 组合逻辑电路的设计方法
- 常见的集成组合逻辑电路

知识难点

- 组合逻辑电路的分析方法
- 组合逻辑电路的设计方法

本章主要介绍组合逻辑电路的概念和特点，学习组合逻辑电路的分析和设计方法，并介绍常见的组合逻辑电路的基本原理、功能和应用。

3.1　组合逻辑电路的基本知识

在数字系统中，按照结构和逻辑功能的不同将数字逻辑电路分为两大类，一类称为组合逻辑电路，简称组合电路，是指电路任一时刻的输出状态只取决于该时刻各输入的状态，电路没有记忆功能；另一类称为时序逻辑电路，简称时序电路，是指输出状态不但与当前时刻的输入有关，还与电路原来的状态有关，电路具有记忆功能。

组合逻辑电路在电路结构上的特点是：

(1) 单纯由各类逻辑门电路组成，逻辑电路中不含存储元件；

(2) 逻辑电路输出到前级的输入之间无反馈通路。

3.1.1　组合逻辑电路的分析方法

组合逻辑电路分析就是根据已知的逻辑图找出输入与输出之间的逻辑关系，从而确定电路的逻辑功能，这也是分析组合电路的目的所在；而且，通过对组合逻辑电路的分析可以评价电路设计是否合理，方案是否最佳。

组合逻辑电路的分析步骤一般包括以下几步：

(1) 由给定的逻辑图从输入到输出逐级写出逻辑函数表达式。

(2) 利用公式法或卡诺图法化简。

(3) 根据表达式列出输入和输出关系的真值表。

(4) 根据真值表分析、确定组合电路的逻辑功能。

【例 3-1】 分析图 3-1 的逻辑功能。

解　(1) 首先根据给定的逻辑图从输入端逐级写出逻辑表达式。

$$F_1 = \overline{AB};\ F_2 = \overline{F_1 A};\ F_3 = \overline{F_1 B}$$

$$F = \overline{F_2 F_3} = \overline{\overline{F_1 A}\,\overline{F_1 B}} = F_1 A + F_1 B = \overline{AB}A + \overline{AB}B$$

(2) 化简逻辑函数。

$$F = \overline{AB}(A+B) = (\overline{A}+\overline{B})(A+B) = \overline{A}B + A\overline{B}$$

(3) 列出真值表。根据化简以后的逻辑函数式，列出输入与输出关系的真值表，如表3-1所示。

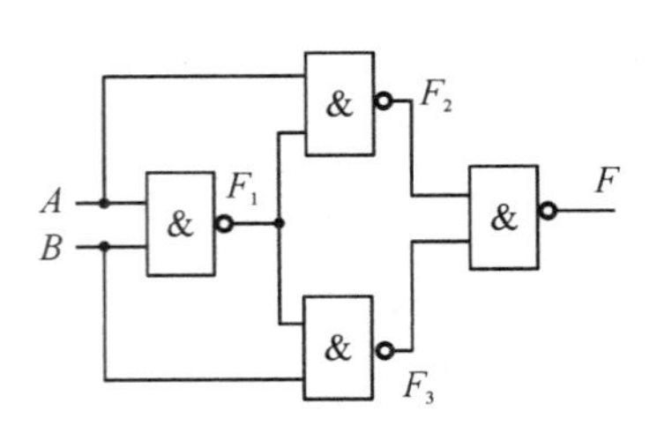

图 3-1　例 3-1 逻辑图

表 3-1　例 3-1 真值表

A	B	F
0	0	0
0	1	1
1	0	1
1	1	0

(4) 分析逻辑函数功能。根据真值表分析逻辑函数的功能，由真值表可得：当 A、B 取值相同时，输出 F 的值为“0”；当 A、B 取值不同时，输出 F 的值为“1”，因此，此逻辑函数实现的是“异或”功能。

分析逻辑函数功能的关键在于找到输入和输出之间的逻辑关系，对于比较简单或比较熟悉的逻辑函数，我们可以直接从表达式知道函数功能，而对于比较复杂或我们不熟悉的逻辑函数，往往要根据真值表分析其功能。

3.1.2　组合逻辑电路的设计方法

组合逻辑电路的设计是分析的逆过程，根据给定的逻辑功能设计出能够实现这些功能的最简或最佳逻辑电路。

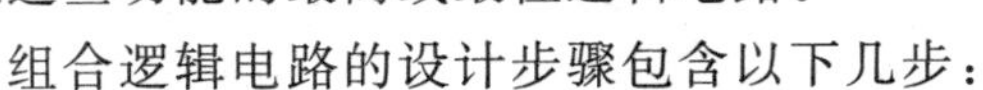

组合逻辑电路的设计步骤包含以下几步：

(1) 对给定的实际问题进行逻辑抽象，确定输入和输出变量，并分别进行状态赋值，即确定 0 和 1 代表的意义。

(2) 根据题意列出真值表。

(3) 根据真值表列出逻辑表达式。

(4) 对表达式进行化简得到最简表达式。

(5) 根据表达式画出逻辑图。

【例 3-2】　设计一个三人表决电路，每人一个按键，如果同意则按下，不同意则不按。有两人或两人以上同意则表明事件通过，且三个人中有一人拥有一票否决权。结果用指示灯表示，指示灯亮表明所需表决事件通过，不亮表明表决事件没有获得通过。

解　(1) 首先进行逻辑抽象，有三个按键说明有三个输入变量，设为 A、B、C，设 B 有否决权，且按键按下时为“1”，不按时为“0”。输出变量为 F，事件表决获得通过灯亮，此状态设为“1”，反之设为“0”。

（2）根据题意列出真值表，如表 3－2 所示。

表 3－2　例 3－2 真值表

A	B	C	F
0	0	0	0
0	0	1	0
0	1	0	0
0	1	1	1
1	0	0	0
1	0	1	0
1	1	0	1
1	1	1	1

（3）根据真值表写出逻辑表达式并进行化简。

$$F = \overline{A}BC + AB\overline{C} + ABC \tag{3-1}$$

化简后可得

$$F = AB + BC$$

（4）画逻辑图。根据表达式画出逻辑电路图，如图 3－2 所示，它是由与门和或门组成的。

（5）如果要求全部用与非门实现此逻辑电路，则还需把所得的“与-或”表达式转换成“与非-与非”的形式，即

$$F = AB + BC = \overline{\overline{AB + BC}} = \overline{\overline{AB}\,\overline{BC}}$$

根据表达式可画出与非门组成的逻辑电路图，如图 3－3 所示。

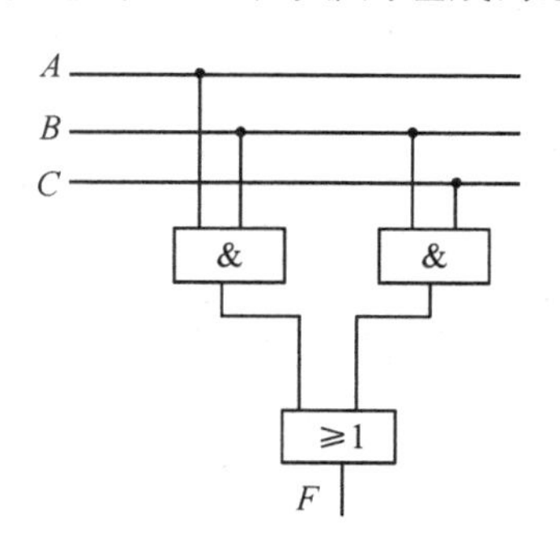

图 3－2　例 3－2 用与门和或门实现的逻辑图

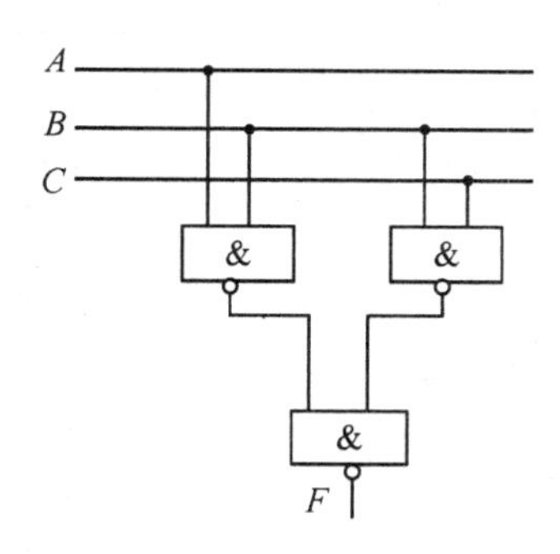

图 3－3　例 3－2 用与非门实现的逻辑图

3.2　编码器和译码器

实际应用中，经常用到很多逻辑电路，如编码器、译码器、加法器、数据选择器、数据比较器等，如果每次都要设计电路则显得太繁琐且不方便。针对这种情况，设计生产出了能实现各种逻辑功能的集成电路。该集成电路具有体积小、功耗低等优点，并且可以方便地进行功能扩展，因此应用广泛。下面将介绍几种常用的集成电路。

3.2.1 编码器

所谓编码就是将特定的逻辑信号(文字、数字、符号等)编为一组二进制代码。能够实现编码功能的逻辑部件称为编码器。常用的编码器有二进制编码器、二-十进制编码器、优先编码器等。

1. 二进制编码器

将一系列逻辑信号的状态编制成二进制代码的逻辑部件称为二进制编码器。其特点如下：

(1) 任何时刻只允许一个输入信号有效，不允许两个或两个以上的有效信号同时出现，否则会出现逻辑错误。

(2) 一般而言，N 个不同的信号，至少需要 n 位二进制数编码，且 N 和 n 之间满足下列关系：

$$2^n \geqslant N \tag{3-2}$$

例如，三位二进制编码器有 8 个输入端，3 个输出端，称为 8 线-3 线编码器，常用的编码器有 4 线-2 线、8 线-3 线、16 线-4 线等。

【例 3-3】 用或门组成三位二进制编码器。

解 设计编码器的过程与设计一般的组合逻辑电路相同，首先要列出真值表，然后写出逻辑表达式并进行化简，最后画出逻辑图。

(1) 三位二进制编码器即为 8 线-3 线编码器，有 8 个输入端，设为 $I_0 \sim I_7$，与之对应的输出设为 F_2、F_1、F_0，共三位二进制数。其真值表如表 3-3 所示，信号高电平有效。

表 3-3 例 3-3 真值表

输入								输出		
I_0	I_1	I_2	I_3	I_4	I_5	I_6	I_7	F_2	F_1	F_0
1	0	0	0	0	0	0	0	0	0	0
0	1	0	0	0	0	0	0	0	0	1
0	0	1	0	0	0	0	0	0	1	0
0	0	0	1	0	0	0	0	0	1	1
0	0	0	0	1	0	0	0	1	0	0
0	0	0	0	0	1	0	0	1	0	1
0	0	0	0	0	0	1	0	1	1	0
0	0	0	0	0	0	0	1	1	1	1

(2) 根据真值表写出表达式并进行化简。由二进制编码器特点可知，输入信号是互斥的，即有一个信号有效时，其他信号都是无效的，这些无效信号在进行化简时作为无关项，使得化简更简单。

根据真值表可得函数表达式为

① $F_2 = I_4 + I_5 + I_6 + I_7$

② $F_1 = I_2 + I_3 + I_6 + I_7$

③ $F_0 = I_1 + I_3 + I_5 + I_7$

（3）根据表达式画出逻辑图，可以用四输入端或门实现，如图 3－4 所示。

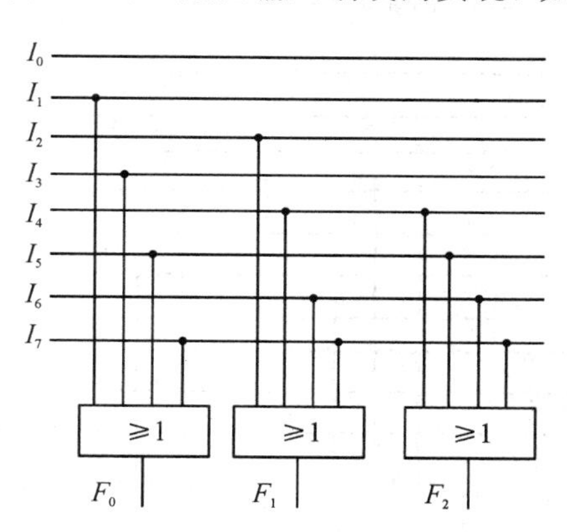

图 3－4　例 3－3 8 线－3 线编码器逻辑图

2．二－十进制编码器

二－十进制编码器是把 10 个状态(对应于十进制的 10 个代码)编制成 BCD 码，最常见的是编制成 8421BCD 码。10 个输入需要 4 个输出，故此编码器又称为 10 线－4 线编码器。其真值表如表 3－4 所示。表中输入以低电平有效。

表 3－4　二－十进制编码器真值表

输入										输出			
I_0	I_1	I_2	I_3	I_4	I_5	I_6	I_7	I_8	I_9	F_3	F_2	F_1	F_0
0	1	1	1	1	1	1	1	1	1	0	0	0	0
1	0	1	1	1	1	1	1	1	1	0	0	0	1
1	1	0	1	1	1	1	1	1	1	0	0	1	0
1	1	1	0	1	1	1	1	1	1	0	0	1	1
1	1	1	1	0	1	1	1	1	1	0	1	0	0
1	1	1	1	1	0	1	1	1	1	0	1	0	1
1	1	1	1	1	1	0	1	1	1	0	1	1	0
1	1	1	1	1	1	1	0	1	1	0	1	1	1
1	1	1	1	1	1	1	1	0	1	1	0	0	0
1	1	1	1	1	1	1	1	1	0	1	0	0	1

由表可得出或表达式，若要求用与非门实现，则需转换成与非式，其方法是对与或式两次取反，即有

（1）$F_3 = \overline{I_8} + \overline{I_9} = \overline{\overline{\overline{I_8} + \overline{I_9}}} = \overline{I_8 I_9}$

（2）$F_2 = \overline{I_4} + \overline{I_5} + \overline{I_6} + \overline{I_7} = \overline{\overline{\overline{I_4} + \overline{I_5} + \overline{I_6} + \overline{I_7}}} = \overline{I_4 I_5 I_6 I_7}$

（3）$F_1 = \overline{I_2} + \overline{I_3} + \overline{I_6} + \overline{I_7} = \overline{\overline{\overline{I_2} + \overline{I_3} + \overline{I_6} + \overline{I_7}}} = \overline{I_2 I_3 I_6 I_7}$

(4) $F_0=\overline{I_1}+\overline{I_3}+\overline{I_5}+\overline{I_7}+\overline{I_9}=\overline{\overline{\overline{I_1}+\overline{I_3}+\overline{I_5}+\overline{I_7}+\overline{I_9}}}=\overline{I_1 I_3 I_5 I_7 I_9}$

根据表达式可以画出逻辑图，如图 3-5 所示。

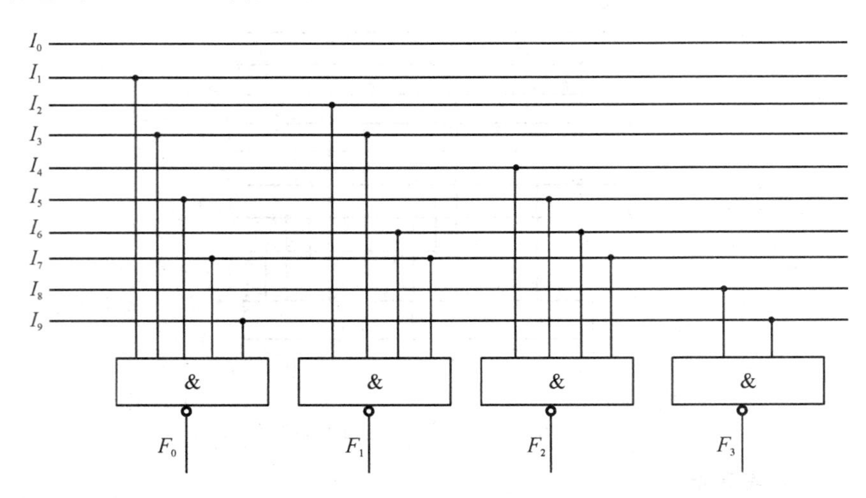

图 3-5　二-十进制编码器逻辑图

3. 优先编码器

二进制编码器和二-十进制编码器属于普通编码器，它们在同一时刻只允许一个信号有效。优先编码器允许同时输入两个以上信号，但在某一时刻按照某种优先级别规则对优先级别最高的输入信号编码。常用的中规模优先编码器有 10 线-4 线(如 TTL 型的 74LS147、CMOS 型的 CC40147 等)、8 线-3 线(如 TTL 型的 74LS148、CMOS 型的 74HC148 等)，TTL 和 CMOS 型的逻辑器件在功能上没有区别，只是电参数不同。

1) 优先编码器 74LS148

74LS148 是 8 线-3 线优先编码器，输入端和输出端均是低电平有效，用于自动控制装置和电子计算机系统，其级联电路不需要外加电路即可进行八进位扩展，还可用于 N 位编码、代码转换和产生。图 3-6(a)为其引脚图，封装形式为双列直插 16 脚；图 3-6(b)为其在电路图中经常使用的方框图。74LS148 逻辑功能表见表 3-5。

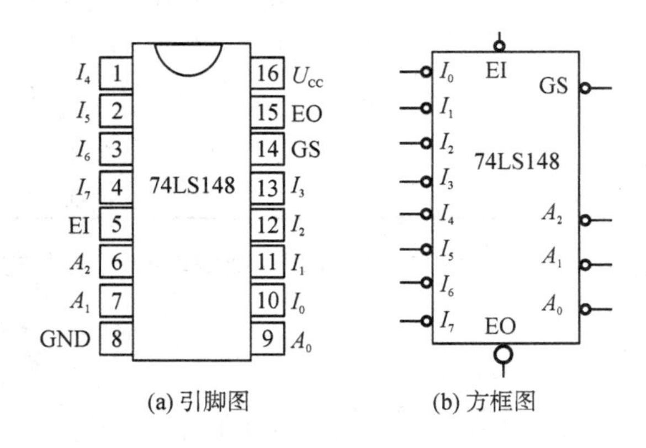

图 3-6　74LS148 引脚图和方框图

表 3-5　74LS148 逻辑功能

输入									输出				
EI	I_7	I_6	I_5	I_4	I_3	I_2	I_1	I_0	A_2	A_1	A_0	GS	EO
1	×	×	×	×	×	×	×	×	1	1	1	1	1
0	1	1	1	1	1	1	1	1	1	1	1	1	0
0	0	×	×	×	×	×	×	×	0	0	0	0	1
0	1	0	×	×	×	×	×	×	0	0	1	0	1
0	1	1	0	×	×	×	×	×	0	1	0	0	1
0	1	1	1	0	×	×	×	×	0	1	1	0	1
0	1	1	1	1	0	×	×	×	1	0	0	0	1
0	1	1	1	1	1	0	×	×	1	0	1	0	1
0	1	1	1	1	1	1	0	×	1	1	0	0	1
0	1	1	1	1	1	1	1	0	1	1	1	0	1

注：表中“×”表示取值任意。

EO 和 GS 为使能输出端和优先标志输出端，主要用于级联和扩展，两者配合使用。当 EO=0，GS=1 时，表示可编码，但输入信号处于无效状态，无码可编；当 EO=1，GS=0 时，表示允许编码，并且正在编码；当 EO=GS=1 时，表示禁止编码。

编码器的各个引脚均为低电平有效，在方框图中以小圆圈表示，各引脚的功能如下：

(1) 控制信号。EI 为使能输入端，当 EI=0 时，电路允许编码，反之电路禁止编码，输出均为高电平，称为封锁状态。

(2) 输入信号端。$I_0 \sim I_7$ 为信号输入端，低电平有效，以 I_7 优先级别最高，并依次降低。

(3) 输出信号端。$A_2 \sim A_0$ 为信号输出端，三位二进制输出是以反码形式对输入信号的编码，或者称为低电平有效。

2) 优先编码器 74LS147

74LS147 是 10 线-4 线优先编码器，输入端和输出端均是低电平有效，可将十进制数转换成 8421BCD 码，图 3-7(a)为其引脚图，封装形式为双列直插 16 脚；图 3-7(b)为其方框图。74LS147 逻辑功能表见表 3-6。

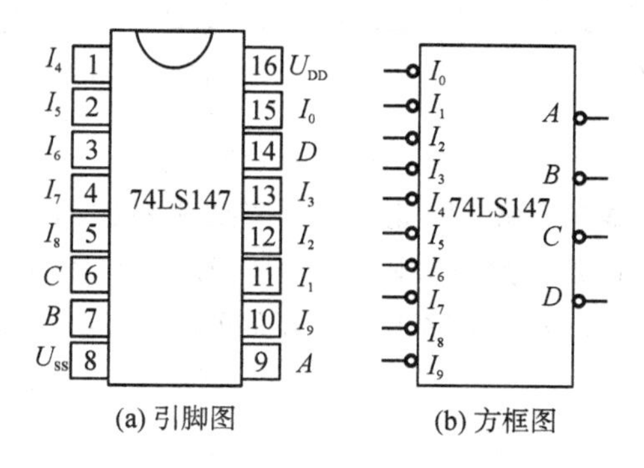

图 3-7　74LS147 引脚图和方框图

表 3-6 74LS147 逻辑功能表

十进制数	I_0	I_1	I_2	I_3	I_4	I_5	I_6	I_7	I_8	I_9	D	C	B	A
0	0	1	1	1	1	1	1	1	1	1	1	1	1	1
1	×	0	1	1	1	1	1	1	1	1	1	1	1	0
2	×	×	0	1	1	1	1	1	1	1	1	1	0	1
3	×	×	×	0	1	1	1	1	1	1	1	1	0	0
4	×	×	×	×	0	1	1	1	1	1	1	0	1	1
5	×	×	×	×	×	0	1	1	1	1	1	0	1	0
6	×	×	×	×	×	×	0	1	1	1	1	0	0	1
7	×	×	×	×	×	×	×	0	1	1	1	0	0	0
8	×	×	×	×	×	×	×	×	0	1	0	1	1	1
9	×	×	×	×	×	×	×	×	×	0	0	1	1	0

3）优先编码器应用

用 74LS148 优先编码器可以多级连接进行扩展，如可以用两片 74LS148 优先编码器串行扩展实现的 16 线-4 线优先编码器，如图 3-8 所示。图中，74LS148(1)为低八位编码，74LS148(2)为高八位编码。工作过程：若$EI_2=0$，则允许对输入 $X_8\sim X_{15}$ 编码，若有有效输入信号，则开始编码，同时高位片的 $EO=EO_2=1$，$GS=GS_2=0$，$EO_2=1$ 加到低位片的 EI，则低位片禁止编码；如高位片无有效输入信号，即输入均为高电平信号，则片 2 状态为允许编码但并无编码要求，$EO=EO_2=0$，$GS=GS_2=1$，$EO_2=0$ 加到低位片的 EI，则低位片允许编码。可以看出，高位片的编码级别确实高于低位片。

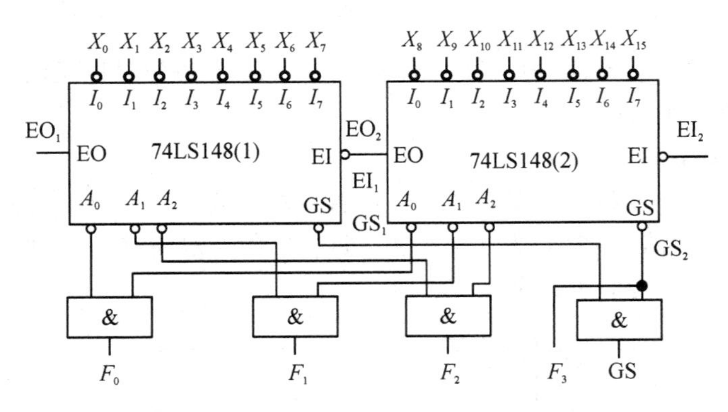

图 3-8 74LS148 功能扩展图

74LS148 只有 3 个数据输出端，因此，若要实现 4 线输出，则必须找到另外一个输出端，从图 3-8 可看到，当高位片允许编码且有编码时，$GS_2=0$，当其允许编码且无有效输入时，$GS_2=1$，恰好可以作为第 4 个输出端，从而实现 16 线-4 线优先编码器。

3.2.2 译码器

译码是编码的逆过程，将某个二进制代码翻译成电路的某种状态，即将输入代码转换成特定的输出信号。实现译码功能的逻辑部件称为译码器，分为变量译码器和显示译码器两种。变量译码器包括常见的二进制译码器和二-十进制译码器，显示译码器主要来显示文字、数字或符号，常见的有荧光显示器、发光二极管译码器、液晶显示器等。

假设译码器有 n 个输入信号和 N 个输出信号，如果 $N=2^n$，则称为全译码器，常见的有 2 线-4 线译码器、3 线-8 线译码器、4 线-16 线译码器等；如果 $N<2^n$，则称为部分译码器，如二-十进制译码器等。

1. 二进制译码器

将 n 种输入的组合译成 2^n 种电路状态，也叫 n 线-2^n 线译码器。即输入是一组二进制代码，输出是一组高低电平信号。常用的集成电路译码器有 TTL 的 74LS138 和高速 CMOS 的 74HC138。

1）2 线-4 线译码器电路结构和工作原理

2 线-4 线译码器的功能表如表 3-7 所示。由表可知，当 EI=1 时，无论输入 A、B 为何值，输出全为 1，称为封锁状态；当 EI=0 时，根据功能表可写出逻辑表达式：

（1）$F_0=\overline{\overline{\mathrm{EI}}\,\overline{A}\,\overline{B}}$

（2）$F_1=\overline{\overline{\mathrm{EI}}\,\overline{A}B}$

（3）$F_2=\overline{\overline{\mathrm{EI}}A\overline{B}}$

（4）$F_3=\overline{\overline{\mathrm{EI}}AB}$

根据表达式可画出其逻辑电路图，如图 3-9 所示。

表 3-7　2 线-4 线译码器功能表

输入			输出			
EI	A	B	F_0	F_1	F_2	F_3
1	×	×	1	1	1	1
0	0	0	0	1	1	1
0	0	1	1	0	1	1
0	1	0	1	1	0	1
0	1	1	1	1	1	0

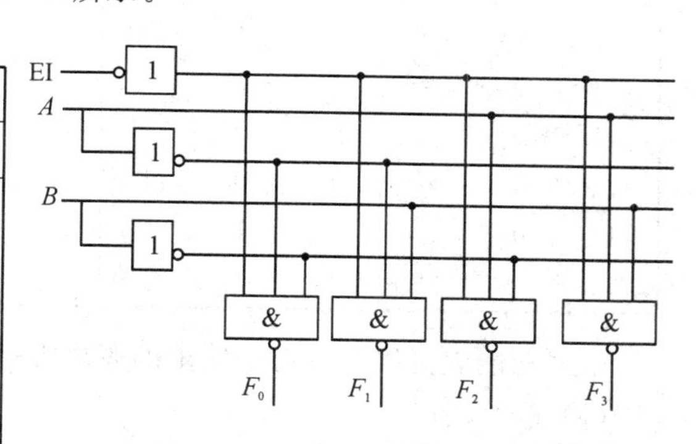

图 3-9　2 线-4 线译码器逻辑电路

2）二进制集成译码器 74LS138

74LS138 是 3 线-8 线全译码器，按照三位输入码和使能输入条件，可以从 8 个输出端中只译出一个低电平输出。其引脚图见图 3-10(a)，封装形式为双列直插 16 脚，方框图见图 3-10(b)。

注：图 3-10(b)中的小 o 表示低电平有效。

74LS138 的输入信号中，G_1、G_{2A}、G_{2B}是使能端，控制译码器是否进行译码，G_1 高电平有效，G_{2A}、G_{2B}都是低电平有效，只有所有使能端都有效($G_1G_{2A}G_{2B}=100$)时，译码器才对输入 C、B、A 译码，相应输出端为低电平，即输出信号低电平有效；反之，译码器所有输出端均输出高电平。74LS138 功能表如表 3-8 所示。

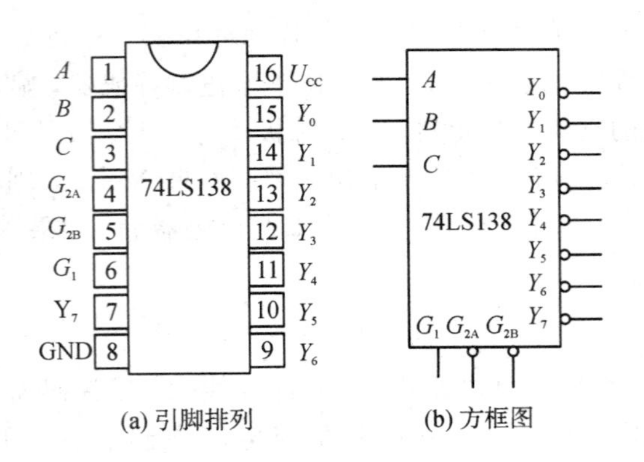

(a) 引脚排列　　(b) 方框图

图 3-10　74LS138 引脚排列及方框图

表 3-8　74LS138 功能表

输　入						输　出							
G_1	G_{2A}	G_{2B}	C	B	A	Y_0	Y_1	Y_2	Y_3	Y_4	Y_5	Y_6	Y_7
×	1	×	×	×	×	1	1	1	1	1	1	1	1
×	×	1	×	×	×	1	1	1	1	1	1	1	1
0	×	×	×	×	×	1	1	1	1	1	1	1	1
1	0	0	0	0	0	0	1	1	1	1	1	1	1
1	0	0	0	0	1	1	0	1	1	1	1	1	1
1	0	0	0	1	0	1	1	0	1	1	1	1	1
1	0	0	0	1	1	1	1	1	0	1	1	1	1
1	0	0	1	0	0	1	1	1	1	0	1	1	1
1	0	0	1	0	1	1	1	1	1	1	0	1	1
1	0	0	1	1	0	1	1	1	1	1	1	0	1
1	0	0	1	1	1	1	1	1	1	1	1	1	0

根据功能表可以写出每个输出的逻辑表达式：

(1) $Y_0=\overline{\bar{C}\bar{B}\bar{A}}=\overline{m_0}$

(2) $Y_1=\overline{\bar{C}\bar{B}A}=\overline{m_1}$

(3) $Y_2=\overline{\bar{C}B\bar{A}}=\overline{m_2}$

(4) $Y_3=\overline{\bar{C}BA}=\overline{m_3}$

(5) $Y_4=\overline{C\bar{B}\bar{A}}=\overline{m_4}$

(6) $Y_5=\overline{C\bar{B}A}=\overline{m_5}$

(7) $Y_6=\overline{CB\bar{A}}=\overline{m_6}$

(8) $Y_7=\overline{CBA}=\overline{m_7}$

三个变量的全部最小项均能译码输出，所以 74LS138 称为最小项译码器。

2. 二-十进制译码器

二-十进制译码器常用的型号有 TTL 系列的 54/74LS42，CMOS 系列的 54/74HC42、

54/74HCT42 等。这些电路是 4 线 - 10 线部分译码器，能够把 BCD 码(4 位)输入进行译码后输出。

现以 74LS42 为例进行介绍，其引脚图如图 3 - 11(a)所示，为双列直插 16 脚封装，图 3 - 11(b)为其方框图。

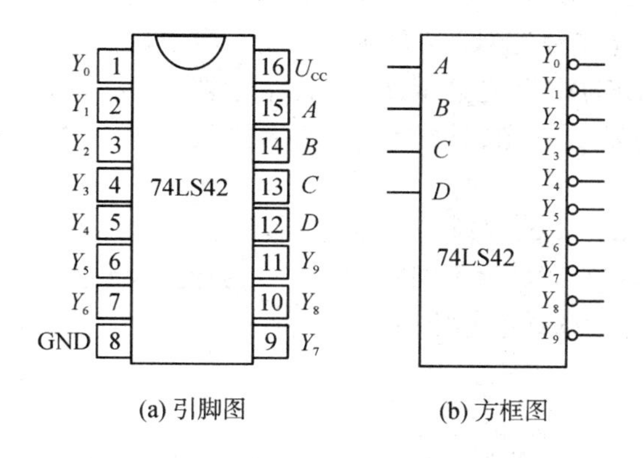

图 3 - 11　74LS42 引脚图和方框图

表 3 - 9 为 74LS42 功能表，其输入信号是高电平有效，输入一个 BCD 码时，会在其表示的十进制数的对应输出端产生一个信号，输出信号是低电平有效。

表 3 - 9 的最后六个 BCD 是非法码，若输入的是这些码中的一个，则输出端均为高电平，拒绝翻译，故此电路有拒绝非法码的功能。

表 3 - 9　74LS42 功能表

输入				输出									
D	C	B	A	Y_0	Y_1	Y_2	Y_3	Y_4	Y_5	Y_6	Y_7	Y_8	Y_9
0	0	0	0	0	1	1	1	1	1	1	1	1	1
0	0	0	1	1	0	1	1	1	1	1	1	1	1
0	0	1	0	1	1	0	1	1	1	1	1	1	1
0	0	1	1	1	1	1	0	1	1	1	1	1	1
0	1	0	0	1	1	1	1	0	1	1	1	1	1
0	1	0	1	1	1	1	1	1	0	1	1	1	1
0	1	1	0	1	1	1	1	1	1	0	1	1	1
0	1	1	1	1	1	1	1	1	1	1	0	1	1
1	0	0	0	1	1	1	1	1	1	1	1	0	1
1	0	0	1	0	1	1	1	1	1	1	1	1	0
1	0	1	0	1	1	1	1	1	1	1	1	1	1
1	0	1	1	1	1	1	1	1	1	1	1	1	1
1	1	0	0	1	1	1	1	1	1	1	1	1	1
1	1	0	1	1	1	1	1	1	1	1	1	1	1
1	1	1	0	1	1	1	1	1	1	1	1	1	1
1	1	1	1	1	1	1	1	1	1	1	1	1	1

3. 显示译码器

在数字系统中，常常需要将运算结果用人们习惯的十进制显示出来，这就要用到显示译码器。其工作过程是首先把输入信号进行二-十进制编码，然后送到显示译码器，显示译码器根据规定把译码后的信号送到显示器件显示。常用的数字显示器有多种类型，按显示方式分，有点阵式、分段式等；按发光物质分，有发光二极管显示器(LED)、荧光显示器、液晶显示器(LCD)、辉光管显示器等。

目前应用最广泛的是由发光二极管构成的七段数字显示器，有的加上小数点成为八段，如图 3-12 所示。

所谓七段，就是指 a、b、c、d、e、f、g 这七段发光二极管按一定方式排列起来，利用各个发光二极管的不同组合，显示不同的数字，有的加上小数点 DP 这一段，成为八段。图 3-13为七段显示器可显示的数字和字母。

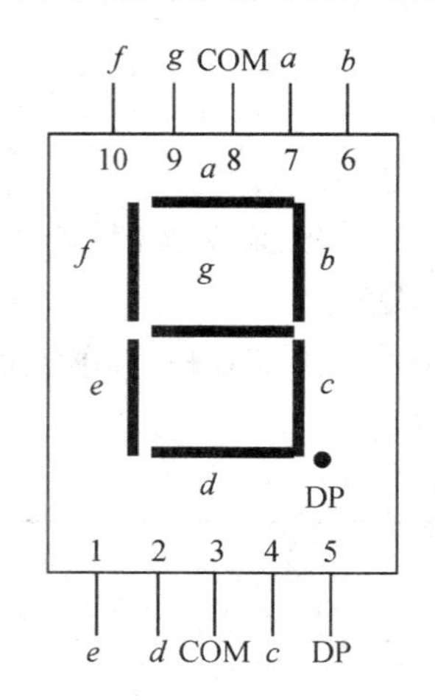

图 3-12　七段数字显示器

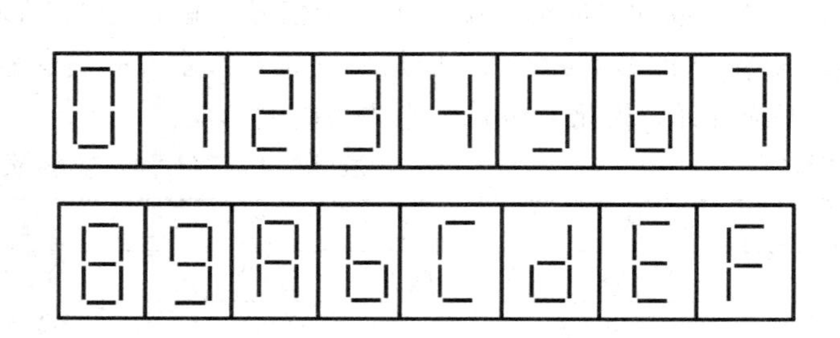

图 3-13　七段显示器可显示的数字和字母

这种七段显示器有共阳极和共阴极两种接法。图 3-14(a)为共阳极接法，各发光二极管的阳极接在一起，阴极接有低电平的二极管发光；图 3-14(b)为共阴极接法，即各二极管的阴极接在一起，阳极接有高电平的二极管发光。

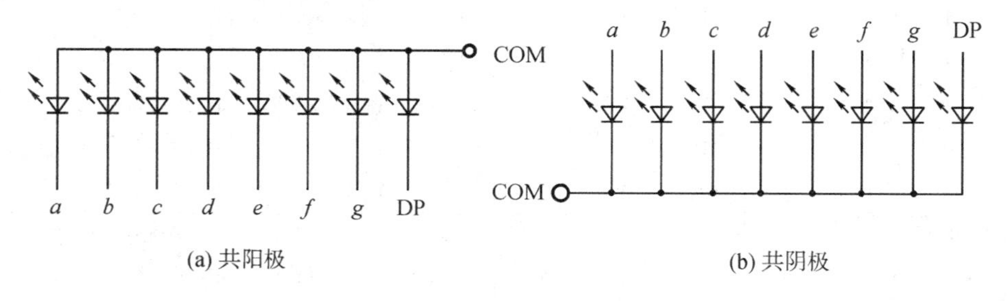

图 3-14　七段数字显示器内部连接方法

这种由半导体二极管构成的数字显示器的优点是工作电压比较低，只有 1.5～3 V 左右，而且其体积小、寿命长、亮度高、响应速度较快、可靠性较高，因而应用广泛。其缺点是工作电流较大。

目前已有多种集成显示译码器应用于实际当中，如 54/74LS47 共阳极系列，54/74LS48 共阴极系列等。

4. 译码器应用

1）译码器的功能扩展

利用集成译码器可以很方便地实现译码器的扩展，例如用两片 74LS138 扩展为 4 线-16 线译码器，如图 3-15 所示。

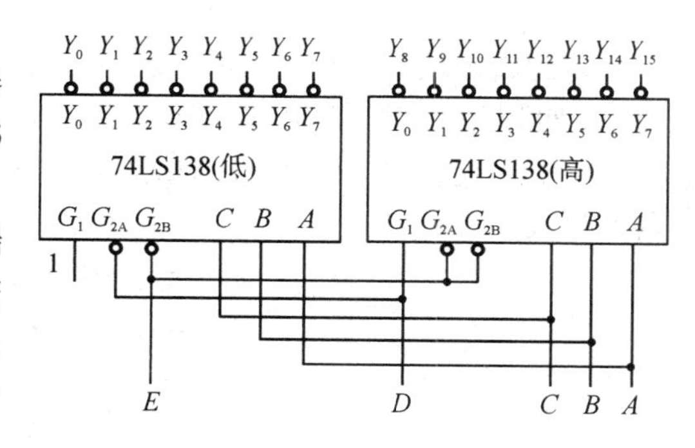

图 3-15　74LS138 功能扩展

图中，当 $E=1$ 时，两片 74LS138 均有控制端输入无效信号，因此，两片译码器都不工作。当 $E=0$时，若 D 输入 0，则低位片 $G_1G_{2A}G_{2B}=100$，高位片 $G_1G_{2A}G_{2B}=000$，因此，低位片译码而高位片禁止工作，可以从低位片输出 $Y_0\sim Y_7$(0000～0111)；若 D 输入 1，则低位片 $G_1G_{2A}G_{2B}=110$，高位片 $G_1G_{2A}G_{2B}=100$，因此，高位片译码而低位片禁止工作，可以从高位片输出 $Y_8\sim Y_{15}$(1000～1111)，从而实现 4 线-16 线译码。

2）实现组合逻辑电路

【例 3-4】 某逻辑函数真值表如表 3-10 所示，试用译码器和门电路实现此逻辑函数。

解　首先根据真值表写出表达式，再转换成与非-与非形式，F_0 的表达式为

$$
\begin{aligned}
F_0 &= \overline{A}\overline{B}C + \overline{A}BC + A\overline{B}C + ABC \\
&= m_1 + m_3 + m_5 + m_7 \\
&= \overline{\overline{m_1} \cdot \overline{m_3} \cdot \overline{m_5} \cdot \overline{m_7}}
\end{aligned}
$$

根据表达式可以画出逻辑电路图，如图 3-16 所示。用一片 74LS138 加一个四输入与非门 74LS20 和一个三输入与非门 74LS10，就可实现该组合逻辑电路。

表 3-10　例 3-4 真值表

输　入			输　出
A	B	C	F_0
0	0	0	0
0	0	1	1
0	1	0	0
0	1	1	1
1	0	0	0
1	0	1	1
1	1	0	0
1	1	1	1

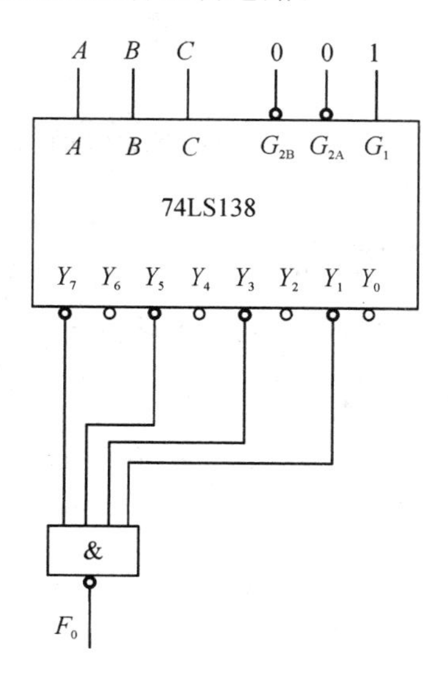

图 3-16　例 3-4 逻辑图

可见，用译码器实现多输出逻辑函数时，可以更为灵活、方便地实现，优点更明显，使用也比较广泛。因此，也是我们要重点掌握的一种集成电路。

【例 3－5】 试用一个 3 线－8 线译码器和少量门电路实现逻辑函数：

$$Y=\overline{A}\,\overline{B}C+\overline{A}B\overline{C}+A\overline{B}\,\overline{C}+ABC$$

该逻辑函数有 $n=3$ 个输入变量，一片 3 线－8 线译码器能产生三变量的 8 个最小项，所以，可以用一片 74LS138 译码器和 1 个与非门电路实现。

将输入变量 A、B、C 分别用 74LS138 的输入 A_2、A_1、A_0 代替，最小项表达式转换为与非形式：

$$\begin{aligned}Y&=\overline{A}\,\overline{B}C+\overline{A}B\overline{C}+A\overline{B}\,\overline{C}+ABC\\&=m_1+m_2+m_4+m_7\\&=Y_1+Y_2+Y_4+Y_7\\&=\overline{\overline{Y_1}\;\overline{Y_2}\;\overline{Y_4}\;\overline{Y_7}}\end{aligned}$$

74LS138 实现逻辑函数的接线图如图 3－17 所示。

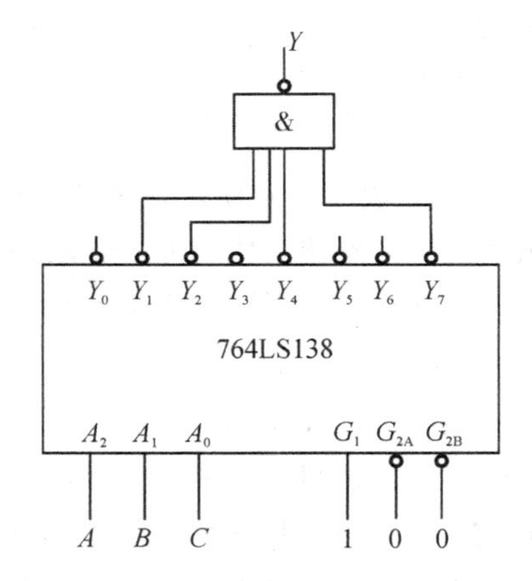

图 3－17 74LS138 实现逻辑函数接线图

3.3 数据选择器和数据分配器

3.3.1 数据选择器

数据选择器是根据地址选择码从多路输入数据中选择一路，送到输出。其示意图如图 3－18 所示。

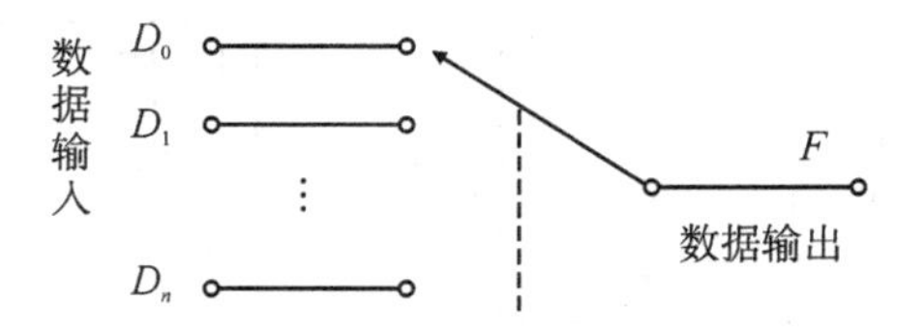

图 3－18 数据选择器示意图

1. 集成数据选择器

常用的数据选择器有 4 选 1、8 选 1 及 16 选 1 等，对于 4 选 1 的集成数据选择器有 54/74LS153 系列等，此系列为双 4 选 1，即一片集成数据选择器能够完成两个 4 选 1 的功能，8 选 1 的集成器件有 54/74LS151 等，16 选 1 数据选择器往往由 8 选 1 或 4 选 1 进行扩展得到。

下面以 8 选 1 的 74LS151 集成数据选择器为例介绍。图 3－19 所示为其引脚图和方框图，它有一个低电平有效的选通输入控制端 S，8 个数据输入端（$D_0 \sim D_7$），两个互补的输出端 $\overline{Y}$、Y。当选通控制端 S 为高电平“1”时强制 $\overline{Y}$ 输出端处于高电平，而使 Y 输出端处于低电平，电路无效。当选通控制端 S 为低电平“0”时，正常工作，能够从 8 个数据中选择一个数据输出。表 3－11 为 74LS151 功能表。

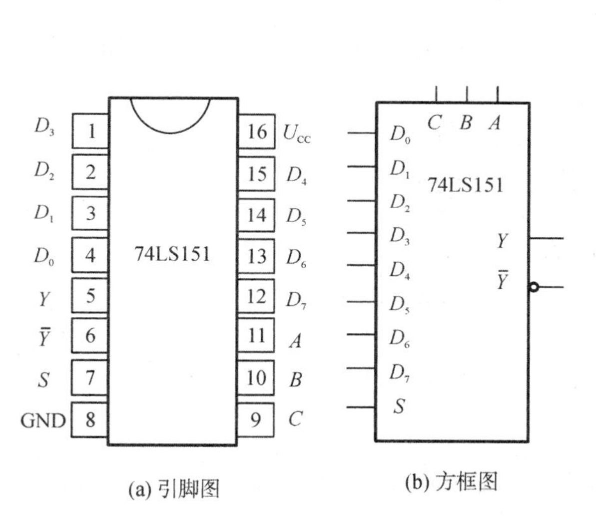

图 3－19　74LS151 引脚图和方框图

表 3－11　74LS151 功能表

输入				输出	
控制	地址选择				
S	C	B	A	Y	$\overline{Y}$
1	×	×	×	0	1
0	0	0	0	D_0	$\overline{D_0}$
0	0	0	1	D_1	$\overline{D_1}$
0	0	1	0	D_2	$\overline{D_2}$
0	0	1	1	D_3	$\overline{D_3}$
0	1	0	0	D_4	$\overline{D_4}$
0	1	0	1	D_5	$\overline{D_5}$
0	1	1	0	D_6	$\overline{D_6}$
0	1	1	1	D_7	$\overline{D_7}$

2. 数据选择器应用

1）功能扩展

利用集成数据选择器可实现功能扩展，如 16 选 1 数据选择器可以由两个 8 选一 74LS151 数据选择器进行扩展得到，如图 3－20 所示。

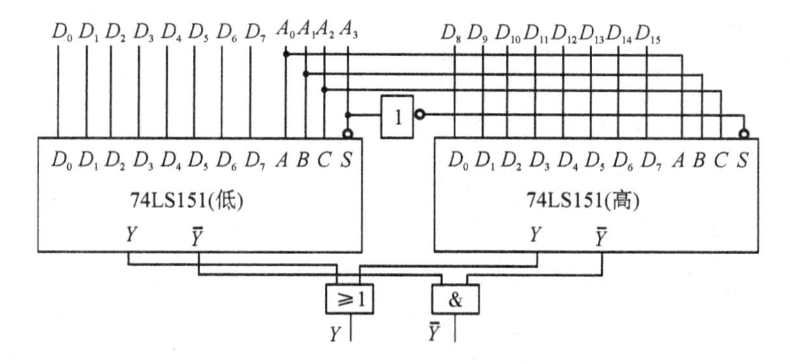

图 3－20　74LS151 功能扩展

从图中可见，两个选通控制端 S 通过非门连接起来作为地址端的最高位 A_3，两片 74LS151 的三个地址端直接并联作为低三位地址输入端 A_2、A_1、A_0。这样就构成了 16 选 1 数据选择器需要的四位地址输入端。例如，$A_3A_2A_1A_0=0101$ 时，则 D_5 位被选中输出；当 $A_3=1$ 时，高位片的选通有效，低位片被禁止，则可以选择高 8 位中的某一个。

2）实现组合逻辑函数

【例 3-5】 试用 8 选 1 数据选择器 74LS151 实现逻辑函数：

$$F = AB + BC$$

解　首先把函数变换为最小项形式：

$$\begin{aligned} F &= AB + BC = AB(C+\overline{C}) + BC(A+\overline{A}) \\ &= ABC + AB\overline{C} + \overline{A}BC = m_7 + m_6 + m_3 \end{aligned}$$

变量 A、B、C 看做是 74LS151 的地址端，则函数相当于选择了 7、6、3 三项，即选择出了 D_7、D_6、D_3。也就是 $D_7=D_6=D_3=1$，其余项为 0，由此画出的逻辑图如图 3-21 所示。

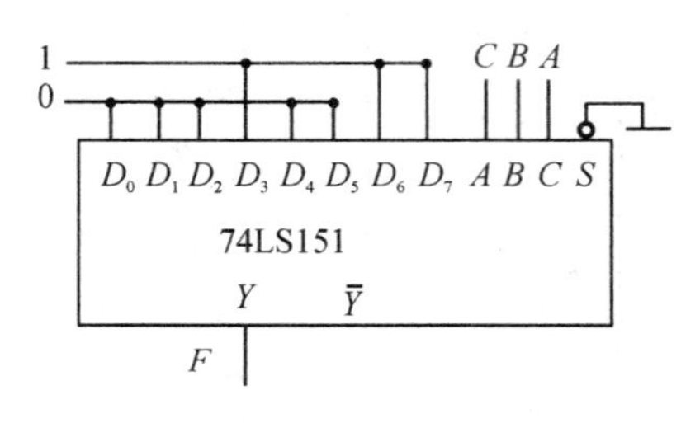

图 3-21　例 3-5 图

3.3.2　数据分配器

所谓数据分配器，就是将一路输入数据根据地址选择码分配给多路数据输出中的某一路输出。数据分配器类似我们常见的单刀多掷开关，如图 3-22 所示。对比图 3-18 可知，数据选择器的逻辑功能与数据分配器的逻辑功能正好相反。

利用译码器可以方便地组成数据分配器，图 3-23 为 74LS138 构成的 3 线-8 线数据分配器，利用译码器的信号输入端 A、B、C 作为地址选择端，利用控制端 G_{2B} 作为数据输入端，其功能表如表 3-12 所示。

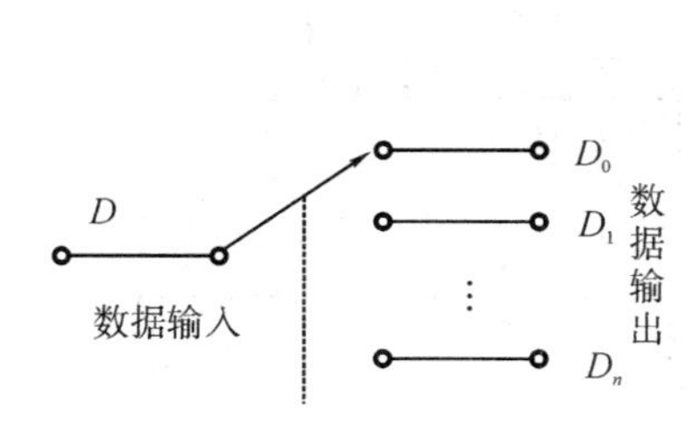

图 3-22　数据分配器示意图

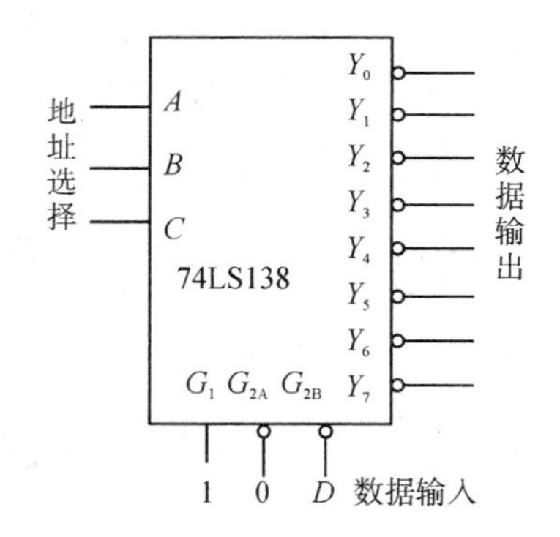

图 3-23　数据分配器

从表 3-12 分析可知：当 $D=0$ 时，译码器按正常译码工作，若选择 $CBA=011$ 地址输出，则 $Y_3=D=0$；当 $D=1$ 时，译码器被封锁，禁止译码，输出全为 1，当然 $Y_3=1$。若选择 $CBA=110$ 地址输出，则 $Y_6=D=1$，因此，译码器构成了数据分配器，能够把数据分配到指定的地址上。

注意：74LS138 的三个控制端 G_1、G_{2A}、G_{2B} 都能够用作数据输入端，不过 G_{2A}、G_{2B} 输出的是数据本身，而 G_1 输出的是数据的反码，具体分析请课下自学。

表 3-12　74LS138 构成的数据分配器功能表

输　入						输　出							
G_1	G_{2A}	G_{2B}	C	B	A	Y_0	Y_1	Y_2	Y_3	Y_4	Y_5	Y_6	Y_7
×	1	×	×	×	×	1	1	1	1	1	1	1	1
×	×	1	×	×	×	1	1	1	1	1	1	1	1
0	×	×	×	×	×	1	1	1	1	1	1	1	1
1	0	D	0	0	0	D	1	1	1	1	1	1	1
1	0	D	0	0	1	1	D	1	1	1	1	1	1
1	0	D	0	1	0	1	1	D	1	1	1	1	1
1	0	D	0	1	1	1	1	1	D	1	1	1	1
1	0	D	1	0	0	1	1	1	1	D	1	1	1
1	0	D	1	0	1	1	1	1	1	1	D	1	1
1	0	D	1	1	0	1	1	1	1	1	1	D	1
1	0	D	1	1	1	1	1	1	1	1	1	1	D

3.4　加法器和数值比较器

3.4.1　加法器

加法器用来完成两个二进制数的加法运算，必须遵守运算规则：① 逢二进一；② 两位相加都产生两个结果，即本位和、向高位的进位。

加法器有半加器和全加器两种，下面分别介绍。

1. 半加器

所谓半加器，是指只进行本位加数、被加数的加法运算而不考虑低位进位。因此可列出半加器的真值表，如表 3-13 所示。

根据真值表可以写出半加器的逻辑表达式为

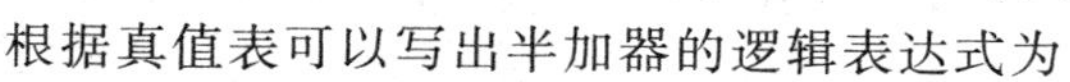

$$S = A\overline{B} + \overline{A}B = A \oplus B,\ C_O = AB$$

半加器的和函数 S 是其输入 A、B 的异或函数；进位函数 C_O 是 A 和 B 的逻辑乘函数，所以用一个异或门和一个与门即可实现半加器功能，逻辑图请读者自行画出，其逻辑符号如图 3-24 所示。

表 3－13　半加器真值表

输　入		输　出	
被加数 (A)	加数 (B)	和数 (S)	进位数 (C_O)
0	0	0	0
0	1	1	0
1	0	1	0
1	1	0	1

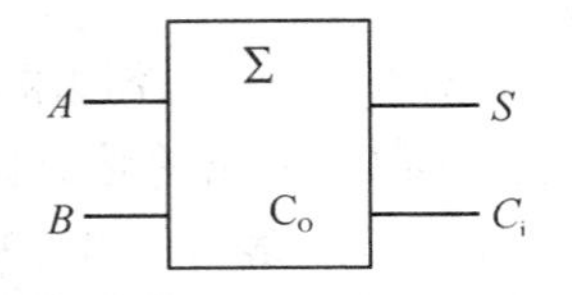

图 3－24　半加器逻辑符号

2. 一位全加器

全加器完成被加数 A_i 和加数 B_i 及相邻低位的进位 C_{i-1} 的加法运算，三个输入相加产生全加器两个输出：和 S_i 及向高位的进位 C_i。根据全加器功能得真值表，如表 3－14 所示。

根据真值表可以写出全加器的逻辑表达式，经过化简可得

$$S_i = A_i \oplus B_i \oplus C_{i-1}$$

$$C_i = A_iB_i + (A_i \oplus B_i)C_{i-1}$$

注意：化简过程中，进位 C_i 并未化成最简与或式，主要是利用和 S_i 的共同项。

逻辑电路可以由异或门和与或门构成，其逻辑符号如图 3－25 所示。

表 3－14　全加器真值表

输　入			输　出	
A_i	B_i	C_{i-1}	S_i	C_i
0	0	0	0	0
0	0	1	1	0
0	1	0	1	0
0	1	1	0	1
1	0	0	1	0
1	0	1	0	1
1	1	0	0	1
1	1	1	1	1

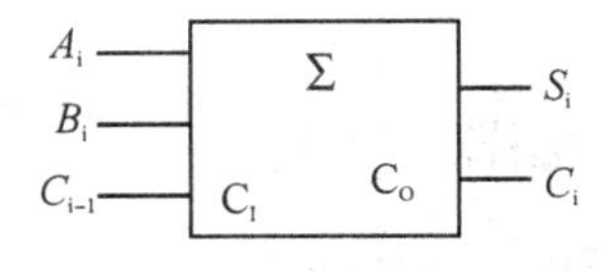

图 3－25　全加器逻辑符号

3.4.2　数值比较器

数字系统中，用来比较两个二进制数大小或者是否相等的电路称为数值比较器。

1. 一位数值比较器

一位数值比较器是多位数值比较器的基础。图 3－26 是一位数值比较器的逻辑图。它有两个输入端，分别输入数值 A 和数值 B。两个数值进行比较时有三种结果：$A<B$、$A=B$ 以及 $A>B$，所以它有三个输出端，分别用 $F_{A<B}$、$F_{A=B}$、$F_{A>B}$ 表示。

根据图 3－26 可以写出逻辑表达式：

$$
\begin{cases}
F_{A<B} = \overline{A}B \\
F_{A=B} = \overline{\overline{A}B + A\overline{B}} = \overline{A \oplus B} \\
F_{A>B} = A\overline{B}
\end{cases}
\tag{3-3}
$$

根据式(3－3)列出真值表，如表 3－15 所示。

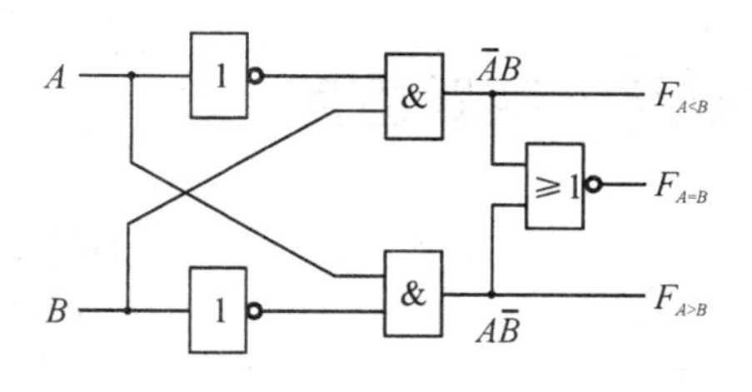

图 3－26　一位数值比较器

表 3－15　一位数值比较器真值表

A	B	$F_{A<B}$	$F_{A=B}$	$F_{A>B}$
0	0	0	1	0
0	1	1	0	0
1	0	0	0	1
1	1	0	1	0

由表 3－15 可以看出，当 $A<B(A=0，B=1)$时 $F_{A<B}=1$；当 $A=B(A=0，B=0$ 和 $A=1，B=1)$时 $Y_{A=B}=1$；当 $A>B(A=1，B=0)$时 $Y_{A>B}=1$。该电路可以根据输出端的逻辑状态，判断出输入的两个 1 位二进制数 A、B 的大小或者相等，能够完成 1 位数值比较的逻辑功能，所以它是 1 位数值比较器。在实际应用中往往需要比较两个多位二进制数，就需要把上面的一位数值比较器合理地连接起来使用，组成多位数值比较器。

2．多位数值比较器

集成数值比较器 74LS85 是 4 位二进制数比较器，其逻辑符号图和引脚图如图 3－27 所示。

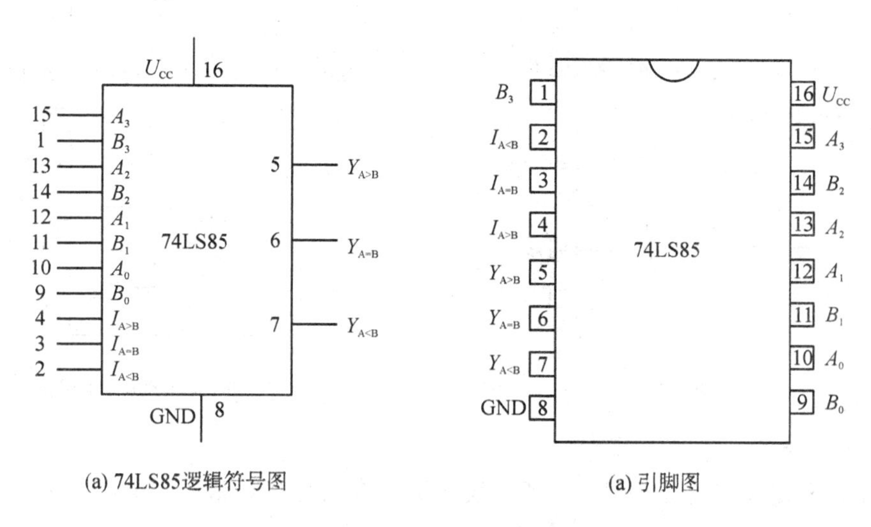

图 3－27　74LS85 逻辑符号图及引脚图

A、B 为数据输入端；它有三个级联输入端：$I_{A<B}$、$I_{A>B}$、$I_{A=B}$，表示低四位比较的结果输入；它有三个级联输出端：$Y_{A<B}$、$Y_{A>B}$、$Y_{A=B}$，表示末级比较结果的输出。比较过程如下：首先比较 A、B 数据的最高位，若 $A_3>B_3$，则 $A>B$；若 $A_3=B_3$，则比较次高位 A_2、B_2，依此类推直到最低位，若各位均相等，则 $A=B$；若 $A_3<B_3$，则 $A<B$。

集成数值比较器的主要应用是通过级联扩大数值比较范围。例如，1 片 74LS85 只能完成 4 位二进制的比较，若需要比较 8 位二进制数则需要 2 片 74LS85 级联。

74LS85 数值比较器的级联输入端 $I_{A<B}$、$I_{A>B}$、$I_{A=B}$，就是为了扩大比较范围设置的，当不需要扩大比较位数时，$I_{A<B}$、$I_{A>B}$接低电平，$I_{A=B}$接高电平；当需要扩大比较器的位数时，只要将低位的 $Y_{A<B}$、$Y_{A>B}$、$Y_{A=B}$，分别串接到高位的输入端 $I_{A<B}$、$I_{A>B}$、$I_{A=B}$即可。

3.5　实验：组合逻辑电路的实践应用

3.5.1　半加器的逻辑功能测试及应用

1. 实验目的

(1) 熟练掌握数字电路实验箱的使用方法。

(2) 熟悉 74LS00 和 74LS86 的引脚图。

(3) 掌握半加器的功能及测试方法。

2. 实验仪器

(1) 数字电路实验箱。

(2) 芯片：74LS00(二输入四与非门)、74LS86(四异或门)，其引脚排列图见图 3-28 和图 3-29。

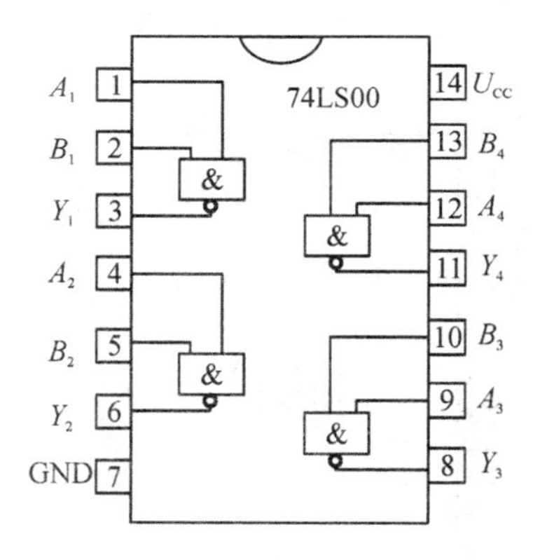

图 3-28　74LS00 引脚图

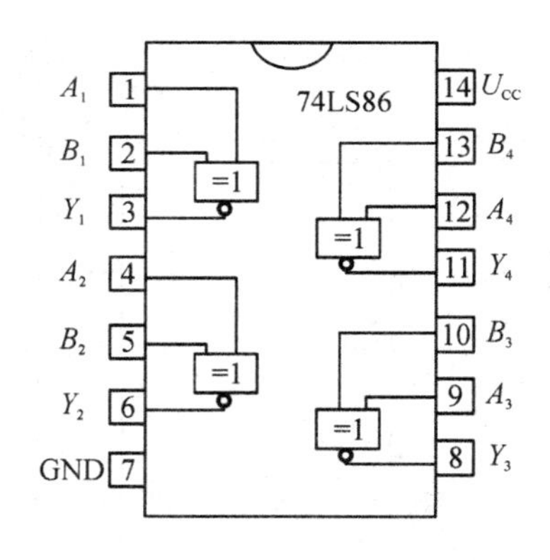

图 3-29　74LS86 引脚图

3. 实验内容

(1) 半加器不考虑低位的进位，适用最低位两个二进制数相加。设：A、B 分别表示两个加数，S_i 表示本位的和，C_O 表示低位向高位的进位。

(2) 依据题意列出真值表：

(3) $S_i = A \oplus B$

$C_O = AB = \overline{\overline{AB}}$

(4) 按照图 3-30 连接电路，填表 3-16。

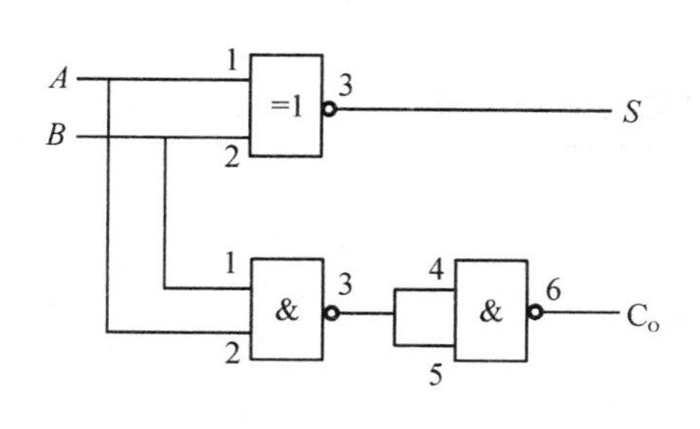

图 3－30 半加器逻辑图

表 3－16 半加器逻辑功能测试表

输入		输出	
加数 A	加数 B	和 S_i	进位 C_O
0	0		
0	1		
1	0		
1	1		

4. 实验报告要求

(1) 填写并整理测试结果。

(2) 写出各个实验中的逻辑表达式。

3.5.2 3 线－8 线译码器 74LS138 的逻辑功能测试及应用

1. 实验目的

(1) 熟悉 74LS138、74LS20 引脚图。

(2) 熟练掌握 74LS138、74LS20 的逻辑功能。

(3) 应用 74LS138 实现与或逻辑函数。

2. 实验仪器

(1) 数字电路实验箱。

(2) 芯片：74LS138(3 线－8 线译码器)、74LS20(四输入二与非门)，其引脚图见图3－10和图 3－31。

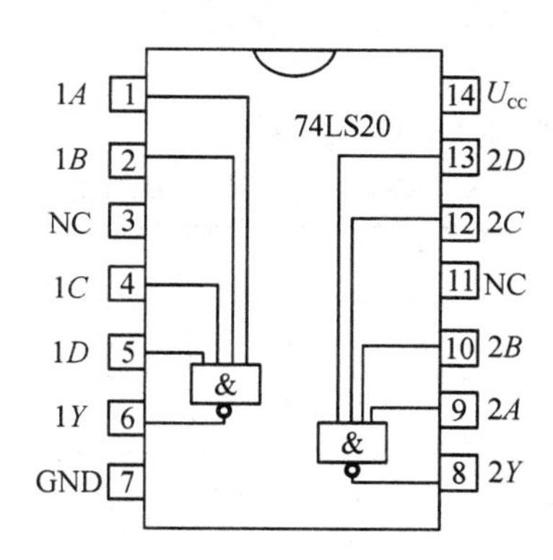

图 3－31 74LS20 引脚图

3. 实验内容

1) 74LS138 逻辑功能测试

(1) 将输入端 1、2、3 管脚连接到逻辑电平开关。

(2) 将功能端 4、5、6 管脚连接到逻辑电平开关。

(3) 将输出端 7、9、10、11、12、13、14、15 管脚连接到电平指示灯。

(4) 按照表 3-17 测试并将结果填写于表中。

表 3-17　74LS138 逻辑功能测试表

G_1	G_{2A}	G_{2B}	A_2	A_1	A_0	$\overline{I_7}$	$\overline{I_6}$	$\overline{I_5}$	$\overline{I_4}$	$\overline{I_3}$	$\overline{I_2}$	$\overline{I_1}$	$\overline{I_0}$
0	×	×	×	×	×								
×	1	×	×	×	×								
×	×	1	×	×	×								
1	0	0	0	0	0								
1	0	0	0	0	1								
1	0	0	0	1	0								
1	0	0	0	1	1								
1	0	0	1	0	0								
1	0	0	1	0	1								
1	0	0	1	1	0								
1	0	0	1	1	1								

2) 由 74LS138 与 74LS20 实现多数表决器的逻辑功能

(1) $F=\overline{A}BC+A\overline{B}C+AB\overline{C}+ABC=m_3+m_5+m_6+m_7=\overline{\overline{m_3}\ \overline{m_5}\,\overline{m_6}\,\overline{m_7}}$。

(2) 将 74LS138 的三个输入端 A、B、C 分别接到三个逻辑电平开关。

(3) 将 74LS138 的三个功能端 G_1、G_{2A}、G_{2B}分别接到三个逻辑电平开关。

(4) 选择逻辑电平开关，使 $G_1=1$，$G_{2A}=G_{2B}=0$。

(5) 将$\overline{I_3}=\overline{m_3}$，$\overline{I_5}=\overline{m_5}$，$\overline{I_6}=\overline{m_6}$，$\overline{I_7}=\overline{m_7}$连接到 74LS20 的对应输入端，输出端接电平指示灯。

(6) 按照表 3-18 测试并将结果填写于表中。

表 3-18　多数表决器逻辑功能测试表

A	B	C	F
0	0	0	
0	0	1	
0	1	0	
0	1	1	
1	0	0	
1	0	1	
1	1	0	
1	1	1	

4. 实验报告要求

(1) 填写并整理测试结果。

(2) 写出各个实验中的逻辑表达式。

本章小结

本章内容主要涉及组合逻辑电路的内容，包括组合电路的分析、设计及集成器件。

(1) 组合逻辑电路的特点是电路任一时刻的输出状态只取决于该时刻各输入状态的组合，而与电路的原状态无关。组合电路就是由门电路组合而成的，电路中没有记忆单元，没有反馈通路。

(2) 组合逻辑电路的分析步骤为：逐级写出各输出端的逻辑表达式→化简和变换逻辑表达式→列出真值表→确定逻辑功能。

(3) 组合逻辑电路的设计步骤为：进行逻辑抽象，并根据设计要求列出真值表→写出逻辑表达式(或填写卡诺图)→逻辑化简和变换→画出逻辑图。

(4) 常用的中规模组合逻辑器件包括编码器、译码器、加法器、数据选择器、数据分配器等。

(5) 上述组合逻辑器件除了具有其基本功能及扩展功能外，还可用来设计组合逻辑电路。主要是使用数据选择器、二进制译码器设计逻辑函数。

思考题与习题

3-1　分析下图所示电路图的逻辑功能。

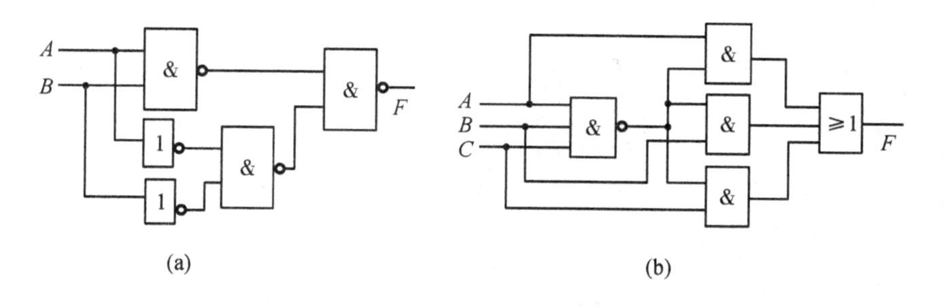

题 3-1 图

3-2　用与非门设计一个三人表决电路。对于某个提案，若同意则按下自己前面的按钮，不同意则不按；若有 2 个或 2 个以上的人同意，则提案通过，否则提案否决。

3-3　设计一个三位判奇电路，已知 A、B、C 为三个变量，当 A、B、C 中有奇数个 1 时，$F=1$；当 A、B、C 中偶数个 1 时，$F=0$。

3-4　某控制系统中有四个按钮，都能控制系统的动作。当第一个按钮按下时，无论其他按钮是否按下，系统均开始动作。当第一个按钮没有按下而第二个按钮按下时，无论第三、四个按钮是否按下，系统均开始动作。当第一、二个按钮没有按下而第三个按钮按下时，无论第四个按钮是否按下，系统均开始动作。只有当第一、二、三个按钮都没有按下时，按下第四个按钮则系统开始动作。试分别用门电路和 74LS148 设计完成此功能的控制电路，并对两种设计方法进行比较。

3-5　试用 3 线-8 线译码器 74LS138 实现多输出函数：

$$\begin{cases} F_1 = AB \\ F_2 = \overline{A}B\overline{C} + A\overline{B}C + BC \\ F_3 = A\overline{C} + \overline{A}\overline{B}C \end{cases}$$

3-6　试用 8 选 1 数据选择器产生逻辑函数：

$$F = \overline{A}B\overline{C} + BC + A\overline{B}$$

第4章 触 发 器

知识重点

- 触发器的特点、分类、结构、触发方式
- 触发器的逻辑功能及描述方法
- 常见集成触发器的功能与应用

知识难点

- 各种触发器的电路结构、工作原理及动作特点
- 触发器的逻辑功能及其描述方法

本章介绍构成数字系统的另一种基本逻辑单元——触发器。

本章首先介绍触发器的特点与分类、触发器各种电路结构，以及由于电路结构不同、触发方式不同而带来的不同动作特点；然后重点介绍基本 RS 触发器、主从 JK、维持阻塞 D、T 和 T′触发器的逻辑功能及其描述方法，以及不同逻辑功能触发器之间实现逻辑功能转换的简单方法；最后重点讨论常见集成触发器 74LS74、74LS112 等芯片的功能及其应用。

4.1 基本 RS 触发器

4.1.1 概述

在复杂的数字电路中，不仅需要对二值信号进行算术运算和逻辑运算，还经常需要将这些信号和运算的结果保存起来，供人们直接读取或应用。为此，需要使用具有记忆功能的基本逻辑单元。通常将能够存储 1 位二值信号的基本单元电路统称为触发器(Flip-Flop)。

触发器是时序逻辑电路中最基本的电路器件，它是由门电路合理连接而成的(其中总有交叉耦合而成的反馈环路)，它与组合逻辑电路的不同之处为：具有“记忆”功能 。

1. 触发器的特点

(1) 具有两个稳定存在的状态，用来表示逻辑状态的 0 和 1，或二进制数 0 和 1。

触发器有两个输出端，分别用 Q 和 $\overline{Q}$ 表示。正常情况下 Q 和 $\overline{Q}$ 总是互补的。约定 Q 端的状态为触发器的状态，如果 Q 为“1”,$\overline{Q}$ 为“0”，表示为 $Q=1$，$\overline{Q}=0$，则称触发器为“1”状态；如果 Q 为“0”，$\overline{Q}$ 为“1”，表示为 $Q=0$，$\overline{Q}=1$，则称触发器为“0”状态。

这样可以用 Q 端的状态表示逻辑变量的两种取值或一位二进制数。

(2) 在触发信号的作用下，根据不同的输入信号可以把触发器的输出(Q)置为 1 或 0 状态。即在一定的条件下输出状态是可以变化的。

(3) 输入信号消失后，触发器能够把对它的影响保留下来，即具有“记忆”功能。

2. 触发器的分类

触发器的电路结构形式不同，触发信号的触发方式也不一样。在不同的触发方式下，当触发信号到达时，触发器的状态转换过程具有不同的特点。

如果按照电路的结构进行分类，可以分为 RS 锁存器、同步触发器(也称为时钟控制触发器，简称钟控触发器)、主从触发器、维持阻塞触发器、边沿触发器等。

如果按照触发方式进行分类，可以分为电平触发器、脉冲触发器和边沿触发器三种。

如果按照逻辑功能进行分类，可以分为 RS 触发器、JK 触发器、D 触发器、T 触发器和 T′触发器五种。

各类触发器又可以由 TTL 电路或 CMOS 电路组成。本章首先从触发器的结构及触发方式入手，然后重点从逻辑功能及描述的角度进行分析，最后介绍常见的集成触发器。

4.1.2　基本 RS 触发器

基本 RS 触发器由两个门电路交叉耦合而成，它是各类触发器的一部分，也是分析其他触发器的基础。

由于基本 RS 触发器的置 0 或置 1 操作是由输入的置 0 或置 1 信号直接完成的，不需要触发信号的触发，所以没有把它归入下一节的触发器当中，以示区别。

基本 RS 触发器可以由两个“与非”门组成，也可以由两个“或非”门组成，集成触发器中前者多见，所以这里我们以“与非”门组成的触发器为例进行介绍。

1. 基本 RS 触发器的电路组成

由“与非”门组成的基本 RS 触发器如图 4-1 所示，其中图 4-1(a)为基本 RS 触发器的逻辑图，图 4-1(b)为逻辑符号。

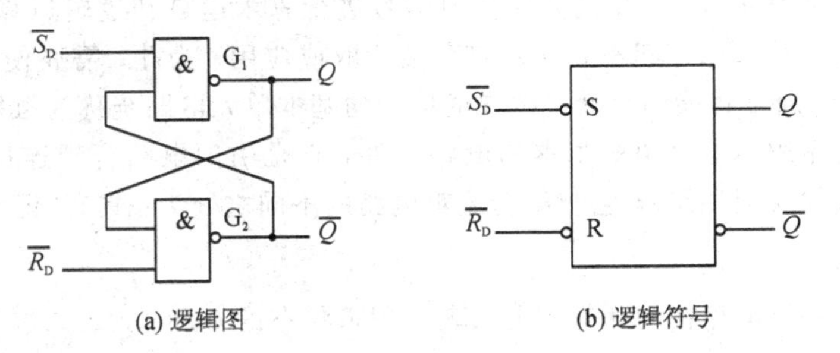

图 4-1　基本 RS 触发器

由图 4-1(a)可以看出，基本 RS 触发器有两个输入端，分别用$\overline{R}_D$、$\overline{S}_D$表示，非号表示低电平有效(即低电平为有效输入信号)，或者说输入信号为低电平时，触发器的状态发生变化，输入高电平时会保持原状态不变，在逻辑图上用两个小圈表示。两个输出端分别用

Q、$\overline{Q}$ 表示。正常情况时，两个输出端总是互补的。

2. 逻辑功能分析

由于触发器输出端的状态会随着加入输入信号的变化而变化，为了区分加入信号之前触发器的状态和加入输入信号之后触发器的状态，我们规定加入输入信号之前触发器输出端的状态称为初态(或称原状态、现态)，用 Q^n、$\overline{Q^n}$ 表示；加入输入信号之后触发器输出端的状态称为次态(或称新状态、下一个状态)，用 Q^{n+1}、$\overline{Q^{n+1}}$ 表示。

由于触发器有两个输入端，而且每一个输入端有两种取值，所以逻辑功能的分析分为四种情况加以讨论。

(1) $\overline{S_D}=0$、$\overline{R_D}=1$：触发器的逻辑功能为"置 1"，表示为 $Q^{n+1}=1$，$\overline{Q^{n+1}}=0$。

根据"与非"门的逻辑功能"有 0 出 1，全 1 出 0"进行分析，在图 4-1(a)中，$\overline{S_D}=0$ 使 $Q^{n+1}=1$，反馈到 G_2 的输入端，使 G_2 的输入为全"1"，所以 G_2 输出 $\overline{Q^{n+1}}=0$，$Q^{n+1}=1$ 再反馈到 G_1 的输入端，使 G_1 输出 Q^{n+1} 保持 1 状态不变，即使此时 $\overline{S_D}=0$ 的负脉冲消失，由于有 $\overline{Q^{n+1}}=0$ 的作用，G_1 的输出也不会改变，一直保持到有新的输入信号到来。

在分析过程中，我们没有区分原状态是"0"状态还是"1"状态，因而两者都有相同的结果，所以有如下结论：无论触发器的原状态如何，只要输入 $\overline{S_D}=0$、$\overline{R_D}=1$，触发器都被置"1"，正是 $\overline{S_D}$ 的低电平使得触发器置"1"，所以 $\overline{S_D}$ 输入端称为直接置"1"输入端，或称为直接"置位端"。

(2) $\overline{S_D}=1$、$\overline{R_D}=0$：触发器的逻辑功能为"置 0"，表示为 $Q^{n+1}=0$，$\overline{Q^{n+1}}=1$。

通过同样的分析方法可以得到如下结论：无论触发器的原状态如何，只要输入 $\overline{S_D}=1$、$\overline{R_D}=0$，触发器都被置"0"，正是 $\overline{R_D}$ 的低电平使得触发器置"0"，所以 $\overline{R_D}$ 输入端称为直接置"0"输入端，或称为"复位端"。

(3) $\overline{S_D}=1$、$\overline{R_D}=1$：触发器没有有效的输入信号，触发器保持原状态不变，表示为 $Q^{n+1}=Q^n$，$\overline{Q^{n+1}}=\overline{Q^n}$。

(4) $\overline{S_D}=0$、$\overline{R_D}=0$：触发器的状态不确定，可以用"×"表示。

注意：在 $\overline{S_D}=\overline{R_D}=0$ 的输入下，$\overline{S_D}=0$ 使 $Q^{n+1}=1$；$\overline{R_D}=0$ 使 $\overline{Q^{n+1}}=1$，此时两个输出端 Q 和 $\overline{Q}$ 不再互补，即不是定义的"0"状态，也不是定义的"1"状态，属于非正常的工作情况，这是不允许的。

当 $\overline{S_D}$、$\overline{R_D}$ 同时由"0"回到"1"时，无法确定触发器将回到"0"状态还是回到"1"状态。我们把这种不允许在 $\overline{S_D}$、$\overline{R_D}$ 同时输入低电平信号的情况称为约束条件，可以表示为 $\overline{S_D}+\overline{R_D}=1$，即正常工作时输入信号应该满足 $\overline{S_D}+\overline{R_D}=1$ 的约束条件。

3. 状态真值表

将逻辑功能的分析结果进行归纳，把基本 RS 触发器的输入信号、触发器的初态以及触发器的次态列成表格即为基本 RS 触发器的状态真值表，如表 4-1 所示。

表 4-1　基本 RS 触发器的状态真值表

输入		初态	次态	逻辑功能
$\overline{R_D}$	$\overline{S_D}$	Q^n	Q^{n+1}	
1	0	0	1	置 1
1	0	1	1	
0	1	0	0	置 0
0	1	1	0	
1	1	0	0	保持
1	1	1	1	
0	0	0	×	不确定
0	0	1	×	

【例 4-1】 在图 4-1 基本 RS 触发器的输入端，输入信号$\overline{S_D}$、$\overline{R_D}$的电压波形如图 4-2 所示。试画出触发器输出端 Q 和 $\overline{Q}$ 的电压波形。

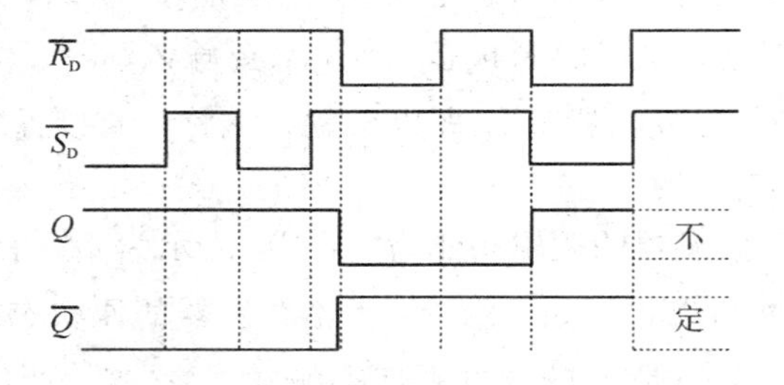

图 4-2　例 4-1 的波形图

注意：电压波形图的横轴为时间 t。纵轴为电平(电压)，以后不再说明。

解　首先将输入信号分成若干小段(即找出每一个输入信号的每一个变化时刻)，然后逐小段按照逻辑功能进行分析，画出输出波形(不确定用虚线画出)，如图 4-2 所示。

需要特别注意的是：在$\overline{R_D}=0$，$\overline{S_D}=0$ 期间，$Q=1$，$\overline{Q}=1$；当$\overline{R_D}$、$\overline{S_D}$的“0”状态同时消失后 Q^{n+1}状态不定。

基本 RS 触发器的优点：结构简单，具有记忆功能，可以保存数据，因此又被称为 RS 锁存器，可作为构成其他触发器的重要组成部分，除此以外还可以作为数码寄存器使用。

基本 RS 触发器的缺点：输入有约束；没有统一的控制(触发)信号。

4.2　同步 RS 触发器

4.2.1　RS 触发器电路结构

电平触发的触发器又称为同步触发器。基本 RS 触发器的工作特点是：“置 1”、“置 0”

的负脉冲一出现，Q端的状态立即发生变化，这种工作方式称为直接置位—复位。

在实际的数字系统中，一个电路不仅仅只有一个触发器，往往要求整个电路一起动作，即在同一个指挥信号的统一指挥下，统一更新状态。这样就要求在触发器的输入端增加一个控制端，使触发器加上输入信号以后并不立刻输出新的状态，而是在控制信号到来以后，再根据输入信号统一更新状态，这个控制信号是一系列的矩形脉冲信号，称为时钟脉冲(Clock Pulse)，也称为同步信号，简称时钟，用CP表示。

有时钟控制端的触发器称为同步触发器，或称为时钟控制触发器。

同步RS触发器的电路结构如图4-3所示，其中图4-3(a)为同步RS触发器的逻辑图，图4-3(b)是它的逻辑符号。

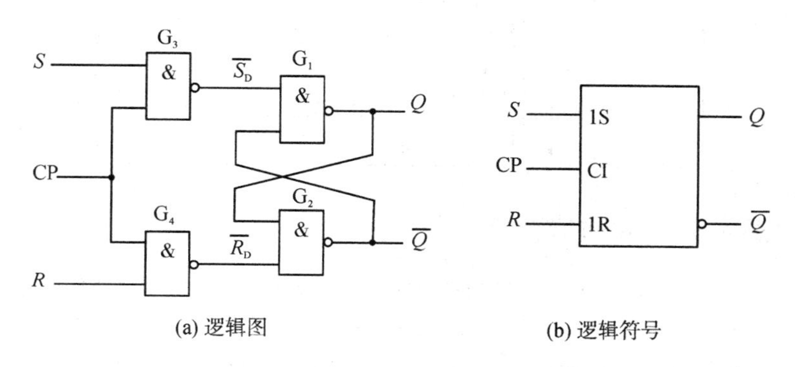

(a) 逻辑图　　(b) 逻辑符号

图4-3　同步RS触发器

图4-3(a)中，在基本RS触发器的两个输入端各增加一个与非门(G_3、G_4)，并增加了一个控制端CP，两个输入信号分别为R和S，与基本RS触发器不同的是高电平为有效输入信号。

4.2.2　逻辑功能分析

1) 当CP=0时(低电平)，G_3、G_4输出高电平，无论输入信号怎样变化都不能影响基本RS触发器的输入，称为G_3、G_4被CP=0的信号封锁。此时，相当于基本RS触发器的$\overline{S_D}=1$、$\overline{R_D}=1$，所以触发器保持原状态不变。

2) 当CP=1时，G_3、G_4的输入完全取决于输入信号R、S，称为G_3、G_4被CP=1的信号打开，接收R、S的信号，并根据R、S的状态更新触发器的状态，可分下列四种情况讨论(与基本RS触发器的分析方法一致)：

(1) $R=0$、$S=1$：触发器“置1”。

(2) $R=1$、$S=0$：触发器“置0”。

(3) $R=0$、$S=0$：触发器状态“保持”。

(4) $R=1$、$S=1$：触发器状态“不确定”。

由以上分析可以看出，同步RS触发器的输入仍有约束，即R、S不能同时为“1”，可以表示为$RS=0$。总结以上四种情况，可以得到同步RS触发器的状态真值表，如表4-2所示。

表 4－2　同步 RS 触发器的状态真值表

输　入			输出 Q^{n+1}		逻辑功能
R	S	Q^n	CP＝0	CP＝1	
0	0	0	保持（Q^n）	0	保持（Q^n）
0	0	1		1	
0	1	0		1	置 1
0	1	1		1	
1	0	0		0	置 0
1	0	1		0	
1	1	0		×	不确定
1	1	1		×	

4.2.3　电平触发方式的动作特点

（1）只有 CP 变为有效电平时，触发器才能接受输入信号，并按照输入信号将触发器的输出置成相应的状态。

（2）在 CP＝1 的全部时间里，R 和 S 状态的变化都可能引起输出状态的改变。在 CP 回到 0 以后，触发器保存的是 CP 回到 0 以前瞬间的状态。

根据上述的动作特点可以想象到，如果在 CP＝1 期间 R、S 的状态多次发生变化，那么触发器输出的状态也将发生多次翻转(称为“空翻”)，这就降低了触发器的抗干扰能力。

【例 4－2】　已知同步 RS 触发器的输入波形如图 4－4 所示，设触发器的初始状态 $Q^n=0$试画出输出端波形。

解　因为只有 CP＝1 时，触发器的状态才会发生变化，所以只找出 CP＝1 的各段，每一段按照状态真值表画出。输出波形如图 4－4 所示。特别注意：在 CP＝1 期间，若 $R=1$，$S=1$，则 $Q=1$，$\overline{Q}=1$，当 CP 回到低电平后，Q 的状态不确定用虚线表示。

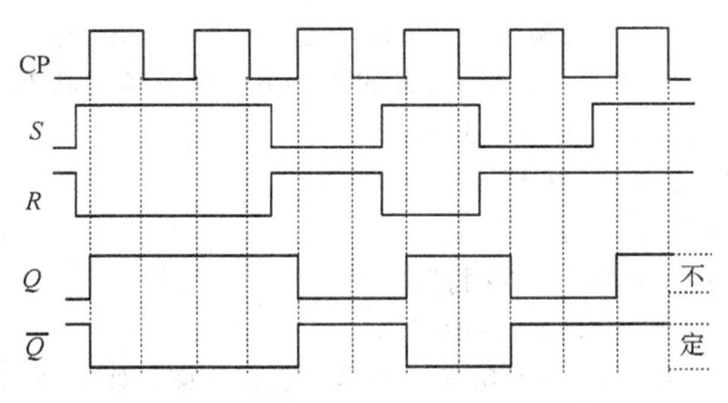

图 4－4　例 4－2 的波形图

4.3　边沿触发器

边沿触发器是利用电路内部的传输延迟时间实现边沿触发从而克服空翻现象的。它采用边沿触发(上升沿或下降沿)，触发器的输出状态是根据 CP 脉冲触发沿到来时刻输入信号的状态来决定的。

边沿触发器最大的特点就是仅在电平变化的边沿那一瞬间外界翻转激励才有效，因此稳定性好，激励电平只需要保证在边沿一小段时间内稳定即可，受外界干扰的较小。本节重点介绍边沿 JK 触发器。

4.3.1　边沿 JK 触发器

1. 逻辑符号

边沿 JK 触发器逻辑符号如图 4-5 所示。方框里 CP 端处的箭头号“∧”表示电路是边沿触发器，方框外 CP 端处的小圆圈“o”表示触发器的工作是受 CP 下降沿控制，即下降沿触发有效；反之，如果没有小圆圈“o”，则表示上升沿触发有效。

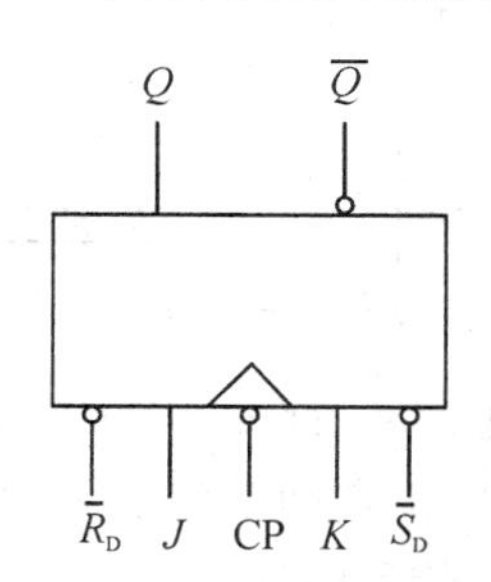

图 4-5　边沿 JK 触发器逻辑符号

2. 逻辑功能

JK 触发器是一种具有保持、翻转、置 1、置 0 功能的触发器，它克服了 RS 触发器的禁用状态，是一种使用灵活、功能强、性能好的触发器。边沿 JK 触发器的逻辑状态表如表 4-3所示，JK 触发器的状态转换图如图 4-6 所示，边沿 JK 触发器的时序图如图 4-7 所示。

表 4-3　边沿 JK 触发器的逻辑状态表

J	K	Q	逻辑功能
0	0	原状态	保持
0	1	0	置 0
1	0	1	置 1
1	1	$\overline{Q}$	翻转

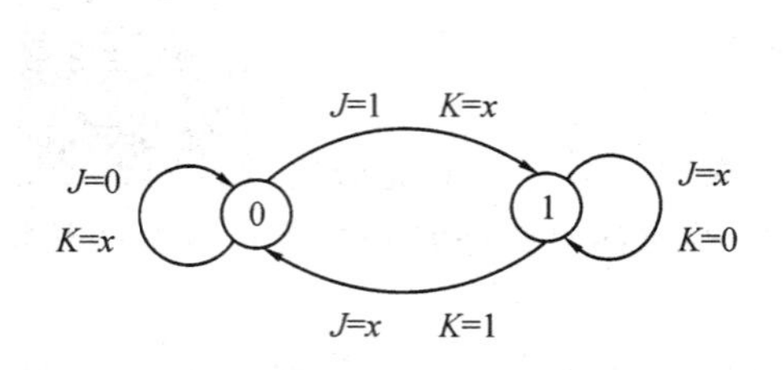

图 4-6　JK 触发器的状态转换图

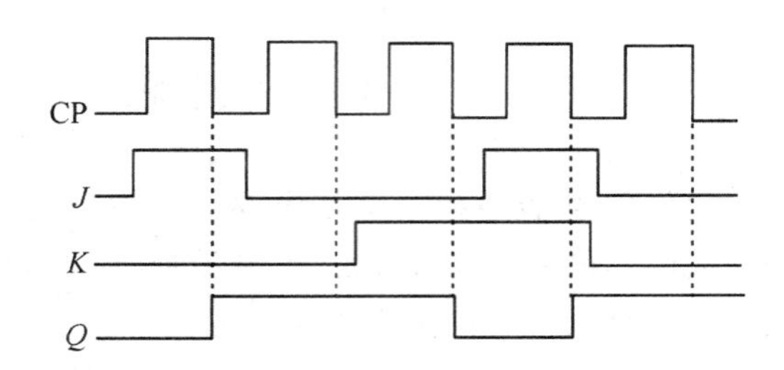

图 4-7　边沿 JK 触发器的时序图

将 JK 触发器的状态转换成真值表填入卡诺图化简，可得到其特性方程：

$$Q^{n+1} = J\overline{Q^n} + \overline{K}Q^n$$

【例 4-3】 在边沿 JK 触发器中，给定 CP 和 J、K 的波形，如图 4-8 所示，设触发器的初始状态为 1，下降沿触发，画出输出端波形。

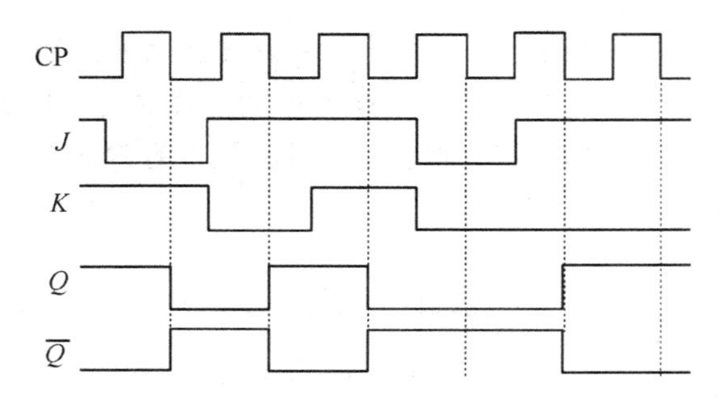

图 4-8　例 4-3 的波形图

解　本题所给的输入波形在 CP＝1 期间都没有发生变化，所以找出 CP 脉冲的下降沿，根据 CP 脉冲的下降沿到来之前输入信号的情况，即可画出输出波形，如图 4-8 所示。

4.3.2　集成 JK 触发器

74LS112 为集成双下降沿 JK 触发器(它带有直接置位端$\overline{PR}$和直接清零端$\overline{CLR}$，均为低电平有效)，其引脚排列图如图 4-9(a)所示，时序图如图4-9(b)所示(设各触发器的初态均为 0 态)。74LS112 功能表如表 4-4 所示。

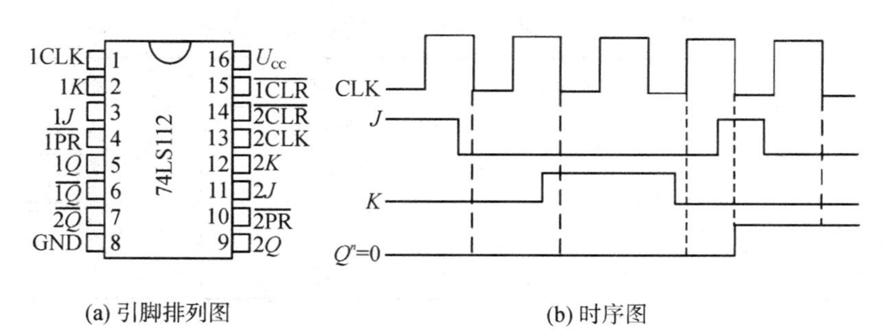

(a) 引脚排列图　　(b) 时序图

图 4-9　74LS112 集成 JK 触发器

表 4-4　74LS112 功能表

时钟	输入				输出	功能说明
CLK	$\overline{\mathbf{PR}}$	$\overline{\mathbf{CLR}}$	J	K	Q^{n+1}	
×	0	1	×	×	1	置位端“置 1”
×	1	0	×	×	0	清零端“置 0”
×	0	0	×	×	1 *	$\overline{\mathbf{PR}}$、$\overline{\mathbf{CLR}}$不能同时为 0
↓	1	1	0	0	Q^n	保持
↓	1	1	0	1	0	置 0
↓	1	1	1	0	1	置 1
↓	1	1	1	1	$\overline{Q^n}$	翻转
1	1	1	×	×	Q^n	保持(无有效的时钟脉冲)

4.3.3　维持阻塞型触发器

维持阻塞型触发器利用触发器翻转时内部产生的反馈信号使触发器翻转后的状态 Q^{n+1} 得以维持，并阻止其向下一个状态转换(即空翻)以克服空翻和振荡。它的触发方式是边沿触发(维持阻塞型触发器一般为上升沿触发)，即仅在时钟上升沿接收控制输入信号并改变输出状态。在一个时钟作用下，维持阻塞型触发器最多在 **CP** 脉冲作用下改变一次状态，因此不存在空翻现象，抗干扰能力更强。维持阻塞型触发器有 **RS**、**JK**、**T**、**T′**、**D** 触发器，应用较多的是维持阻塞型 **D** 触发器。**D** 触发器又称为 **D** 锁存器，是专门用来存放数据的。

1. 维持阻塞 D 触发器

1) 逻辑符号

维持阻塞型 **D** 触发器的逻辑符号如图 4-10 所示。$\overline{S_D}$是直接置位端，$\overline{R_D}$是直接复位端，均是低电平有效。

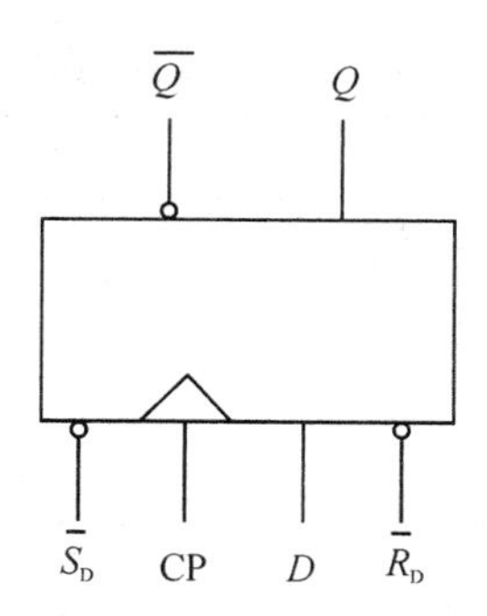

图 4-10　维持阻塞型 **D** 触发器的逻辑符号

2) 功能分析

维持阻塞型 **D** 触发器在 **CP** 脉冲上升沿触发翻转，具有置 1、置 0 逻辑功能，其特性方程为

$$Q^{n+1} = D^n$$

维持阻塞型 **D** 触发器的状态表如表 4-5 所示，**D** 触发器的状态转换图如图 4-11 所示，维持阻塞型 **D** 触发器的波形如图 4-12 所示。

表 4－5　D 触发器的状态表

D^n	Q^{n+1}	功能
0	0	置 0
1	1	置 1

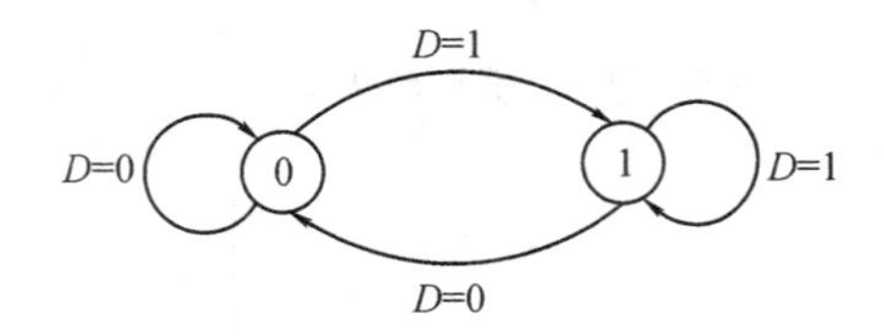

图 4－11　D 触发器的状态转换图

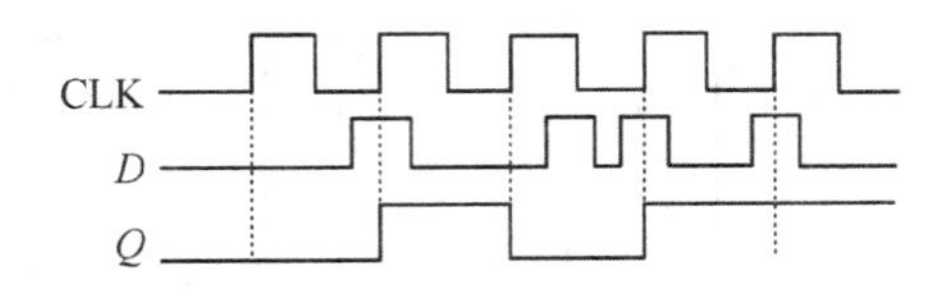

图 4－12　维持阻塞型 D 触发器的波形图

2. T、T′触发器

T 触发器的逻辑功能比较简单，当控制端 $T=1$ 时，每来一个时钟脉冲，它都要翻转一次；而在 $T=0$ 时，保持原状态不变。图 4－13 和图 4－14 是 T 触发器的逻辑符号和状态转换图，表 4－6 是 T 触发器的真值表。

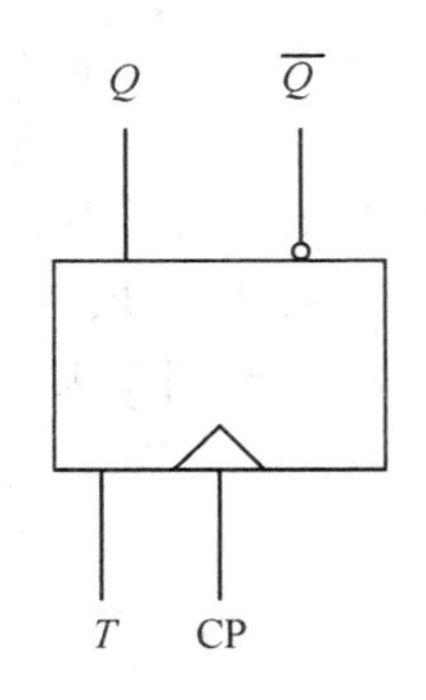

图 4－13　T 触发器的逻辑符号

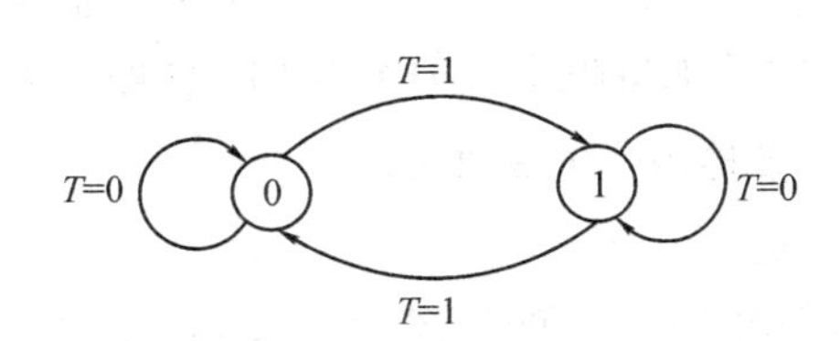

图 4－14　T 触发器的状态转换图

表 4－6　T 触发器的真值表

T	Q^n	Q^{n+1}
0	0	0
0	1	1
1	1	0
1	0	1

T 触发器的特性方程为

$$Q^{n+1}=T\overline{Q^n}+\overline{T}Q^n$$

当 T 恒为 1 时，上式简化为

$$Q^{n+1}=\overline{Q^n}$$

这就是说，只要有时钟脉冲到达，触发器的状态就要翻转，所以我们有时也给它另取一个名字叫 T′触发器。实际上，它只不过是 T 触发器的一个特例而已。

4.3.4　集成 D 触发器

74LS74 为双上升沿 D 触发器，74LS74 引脚排列图如图 4－15 所示，CP 为时钟输入端；D 为数据输入端；Q、$\overline{Q}$ 为互补输出端；$\overline{CLR}$为直接复位端，低电平有效；$\overline{PR}$为直接置位端，低电平有效；$\overline{CLR}$和$\overline{PR}$用来设置初始状态。74LS74 功能表如表 4－7 所示。

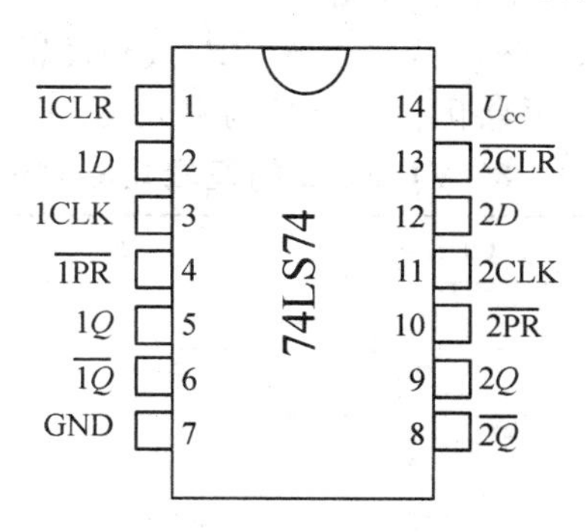

图 4－15　74LS74 引脚排列图

表 4－7　74LS74 功能表

时钟	输入			输出	功能说明
CLK	$\overline{PR}$	$\overline{CLR}$	D	Q^{n+1}	
×	0	1	×	1	置位端“置 1”
×	1	0	×	0	清零端“置 0”
×	0	0	×	1*	$\overline{PR}$、$\overline{CLR}$不能同时为 0
↑	1	1	1	1	置 1
↑	1	1	0	0	置 0
0	1	1	×	Q^n	保持(无有效的时钟脉冲)

4.4　实验：触发器的实践应用

4.4.1　集成触发器的测试

1. 实验目的

(1) 熟悉 74LS112 管脚图(见图 4－9)。

(2) 熟悉 74LS74 管脚图(见图 4－15)。

(3) 掌握 JK 触发器的逻辑功能。

(4) 掌握 D 触发器的逻辑功能。

2. 实验仪器

(1) 数字电路实验箱。

(2) 芯片：74LS112(双下降沿 JK 触发器)和 74LS74(双上升沿 D 触发器)。

3. 实验内容

1) 74LS112 的逻辑功能测试

(1) 时钟端 CLK(1 管脚)接到单脉冲开关。

(2) 输入端 J、K(2、3 管脚)接到逻辑电平开关。

(3) 输出端及反向输出端接电平指示灯。

(4) 将直接置“0”端($\overline{\mathrm{CLR}}$)和直接置“1”端($\overline{\mathrm{PR}}$)接到逻辑电平开关。

(5) 按照表 4-8 进行测试并将测试结果填写在表中。

表 4-8　74LS112 的逻辑功能测试表

$\overline{\mathrm{PR}}$	$\overline{\mathrm{CLR}}$	CLK	J	K	Q^n	Q^{n+1}
0	1	×	×	×	×	
1	0	×	×	×	×	
1	1	↓	0	0	0	
					1	
1	1	↓	0	1	0	
					1	
1	1	↓	1	0	0	
					1	
1	1	↓	1	1	0	
					1	

2) 74LS74 逻辑功能测试

(1) 将$\overline{\mathrm{PR}}$和$\overline{\mathrm{CLR}}$接到逻辑电平开关。

(2) 将输入端 D 接到逻辑电平开关。

(3) 将 CLK 接到单脉冲开关。

(4) 将 Q、$\overline{Q}$ 连接到电平指示灯

(5) 按照表 4-9 测试并将结果填写于表中。

表 4-9　74LS74 逻辑功能测试表

$\overline{\mathrm{CLR}}$	$\overline{\mathrm{PR}}$	CLK	D	Q^n	Q^{n+1}
0	×	×	×	×	
×	0	×	×	×	
1	1	↑	0	0	
				1	
1	1	↑	1	0	
				1	

4. 实验报告要求

(1) 填写并整理测试结果。

（2）写出$\overline{PR}$、$\overline{CLR}$的逻辑功能。

（3）写出 JK 触发器四种逻辑功能及条件。

（4）写出 D 触发器的逻辑功能。

4.4.2　触发器的逻辑转换

1. 实验目的

（1）掌握各触发器的逻辑功能。

（2）掌握触发器相互转换的方法。

2. 实验仪器

（1）数字电路实验箱。

（2）连续脉冲源。

（3）单次脉冲源。

（4）74LS112 双 JK 触发器（或 CC4027）、74LS00 二输入四与非门（或 CC4011）、74LS74 双 D 触发器（或 CC4013）、74LS86 双异或门。

3. 实验内容

1）JK 触发器转换为 T、T′触发器

74LS112 集成块的引脚图如图 4－9 所示，在数字电子技术实验仪上选取一个 14P 插座，按定位标记固定集成块。按图 4－16(a)接线，将 T 端接逻辑开关的输出插口，输出接逻辑电平显示器输入插口，CP 接单次脉冲，按表 4－10 所示功能测试表测试转换后 T 触发器的功能，并将结果填入表中。按图 4－16(b)接线，将 T 接高电平，按表 4－11 所示功能测试表测试转换后 T′触发器的功能，并将结果填入表中。

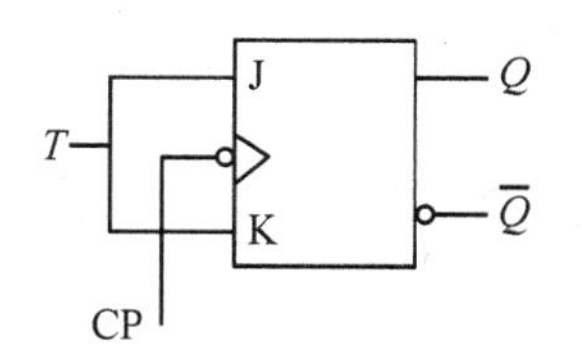

(a) JK触发器转换为T触发器

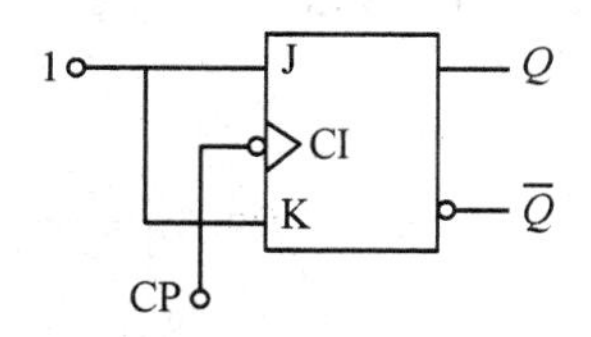

(b) JK触发器转换为T'触发器

图 4－16　JK 触发器转换为 T、T′触发器

表 4－10　JK 触发器转换为 T 触发器的功能测试表

CP	T	Q^n	Q^{n+1}	功能
↓	0	0		
		1		
↓	1	0		
		1		

表 4-11　JK 触发器转换为 T′触发器的功能测试表

CP	Q^n	Q^{n+1}	功能
↓	0		
↓	1		

2) D 触发器转换为 T 触发器

74LS74 的引脚图如图 4-15 所示，按图 4-17 连接电路，按表 4-12 所示功能测试表测试转换后 T 触发器的逻辑功能，并将结果填入表中。

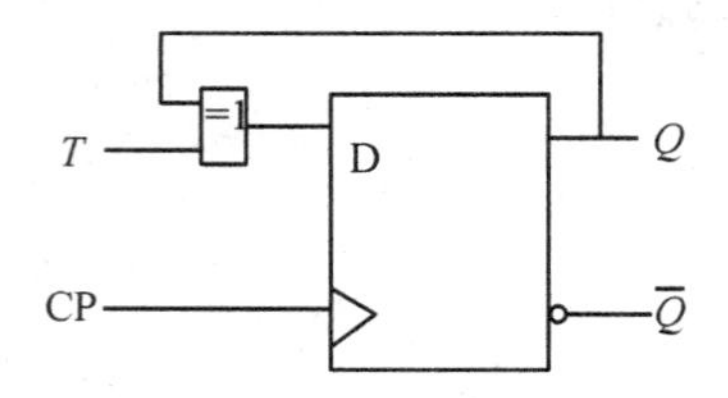

图 4-17　D 触发器转换为 T 触发器

表 4-12　D 触发器转换为 T 触发器的功能测试表

CP	T	Q^n	Q^{n+1}	功能
↑	0	0		
		1		
↑	1	0		
		1		

3) JK 触发器转换为 D 触发器

按图 4-18 连接电路，按表 4-13 所示功能测试表测试转换后 D 触发器的逻辑功能，并将结果填入表中。

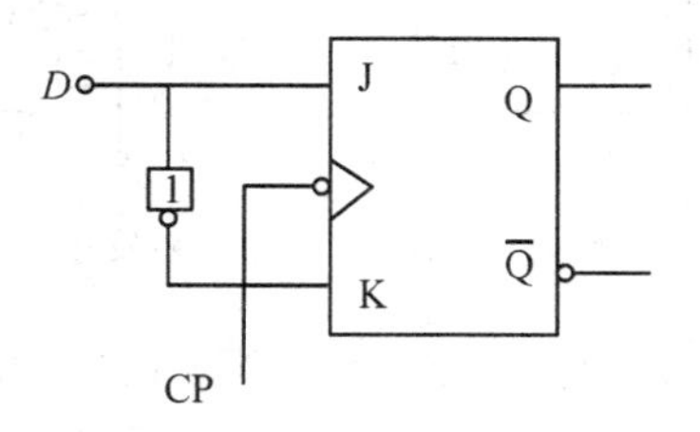

图 4-18　JK 触发器转换为 D 触发器

表 4-13　JK 触发器转换为 D 触发器的功能测试表

CP	D	Q^n	Q^{n+1}	功能
↓	0	0		
		1		
↓	1	0		
		1		

4. 实验报告要求

（1）填写并整理测试结果。

（2）写出D触发器的特性方程。

本章小结

（1）触发器和门电路一样，也是构成各种复杂数字系统的一种基本逻辑单元。

（2）触发器逻辑功能的基本特点是可以保存1位二值信息。因此，又将触发器称为半导体存储单元或记忆单元。

（3）由于输入方式以及触发器状态随输入方式变化规律不同，各种触发器在具体的逻辑功能上又有所差别。根据这些差异，将触发器分成了RS、JK、D、T等几种逻辑功能的类型。这些逻辑功能可以用特性真值表、特性方程或状态转换图描述。

（4）由于电路的结构形式不同，触发器的触发方式也不同，有电平触发、脉冲触发和边沿触发之分。不同触发方式的触发器在状态的翻转过程中具有不同的动作特点。因此，在选择触发器电路时不仅需要知道它的逻辑功能类型，还必须了解它的触发方式，这样才能掌握它的动作特点，进行正确的设计。我们介绍各种触发器内部电路结构的目的是为了帮助读者更好地理解和掌握每种触发方式的动作特点，触发器的内部电路不是本章的学习重点。

（5）特别需要指出，触发器的电路结构形式和逻辑功能之间不存在固定的对应关系。同一种逻辑功能的触发器可以用不同的电路结构实现；同一种电路结构的触发器可以实现不同的逻辑功能。

（6）触发器的电路结构和触发方式之间的关系是固定的。例如，只要是同步RS结构，无论逻辑功能如何，都一定是电平触发方式；只要是主从结构，无论逻辑功能如何，都一定是脉冲触发方式；只要是维持阻塞结构，无论逻辑功能如何，都一定是边沿触发方式，等等。因此，只要知道了触发器的电路结构类型，也就知道它的触发方式。

（7）集成触发器的种类很多，本书重点介绍了部分常见集成触发器的引脚图、功能表与典型的应用电路，目的是学习集成电路的读图、读功能表，熟悉典型的应用。只要能够正确地读图，就能正确地使用集成电路。

思考题与习题

4-1　基本RS触发器的输入信号需要遵守的约束条件是什么？

4-2　脉冲触发方式和电平触发方式有何不同？

4-3　脉冲触发方式与边沿触发方式在动作特点上有何区别？

4-4　JK触发器有几种逻辑功能？

4-5　将JK触发器用作T触发器和T′触发器，应如何连接？

4-6　D触发器有几种逻辑功能？

4-7　将D触发器用作T触发器和T′触发器，应如何连接？

4-8　T触发器和T′触发器的逻辑功能有何不同？

4-9　已知基本RS触发器的输入信号波形如图所示，设初始状态为0，试画出输出端Q和$\overline{Q}$的波形图。

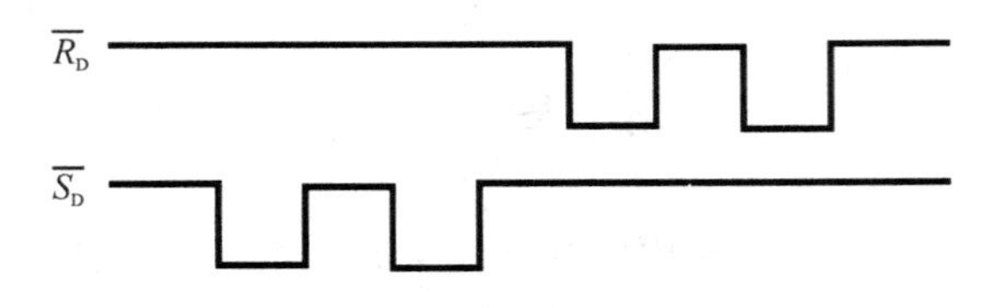

题4-9图

4-10　已知同步RS触发器输入信号S、R及时钟CP的波形如图所示，设初始状态为0，试画出输出端Q和$\overline{Q}$的波形图。

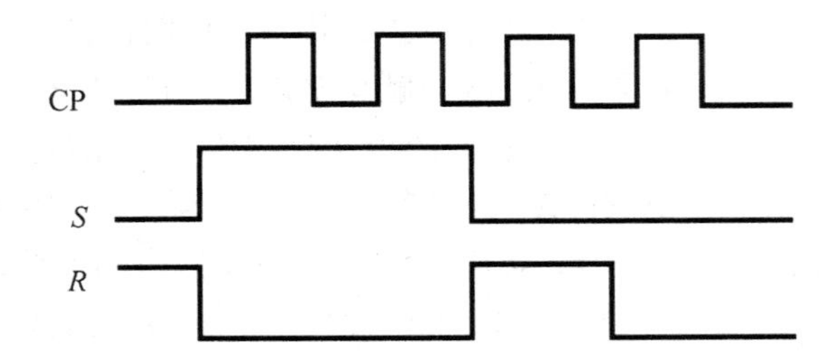

题4-10图

4-11　已知主从JK触发器输入信号J、K及时钟CP的波形如图所示，设初始状态为0，CP脉冲的下降沿触发，试画出输出端Q和$\overline{Q}$的波形图。

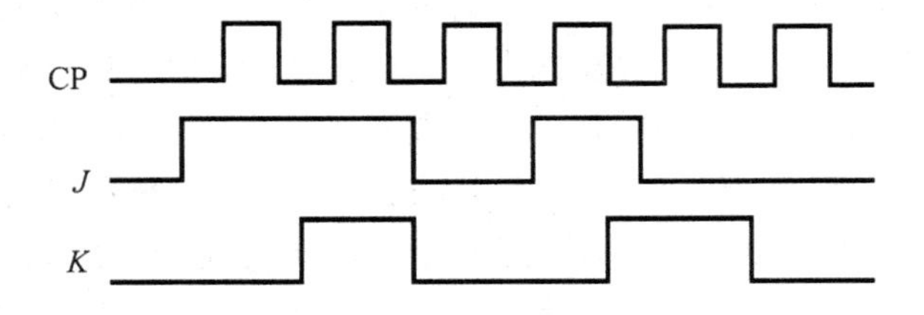

题4-11图

4-12　已知输入信号D及时钟CP的波形如图所示，设触发器为下降沿有效的D触发器，设初始状态为0，试画出输出端Q和$\overline{Q}$的波形图。

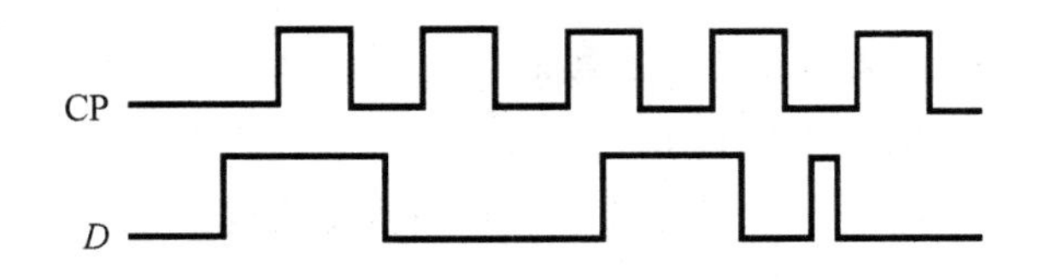

题4-12图

4-13　TTL型JK触发器电路如图所示，写出各电路触发器的状态方程，设各触发器初始状态为0，画出在CP脉冲的作用下各触发器输出端的波形。

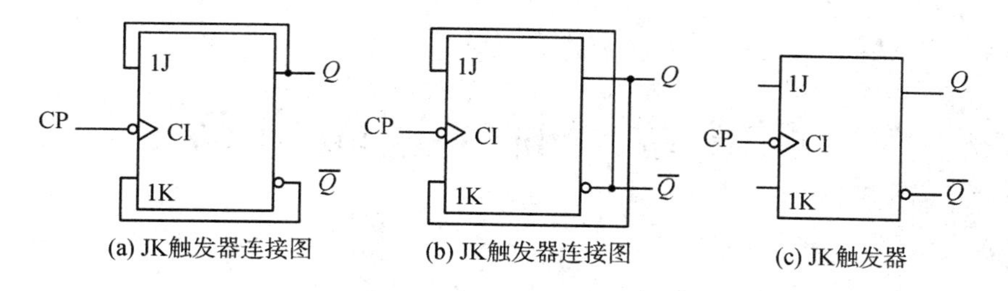

题 4－13 图

4－14　TTL 型 D 触发器电路如图所示，写出各电路触发器的状态方程，设各触发器初始状态为 0，画出在 CP 脉冲的作用下各触发器输出端的波形。

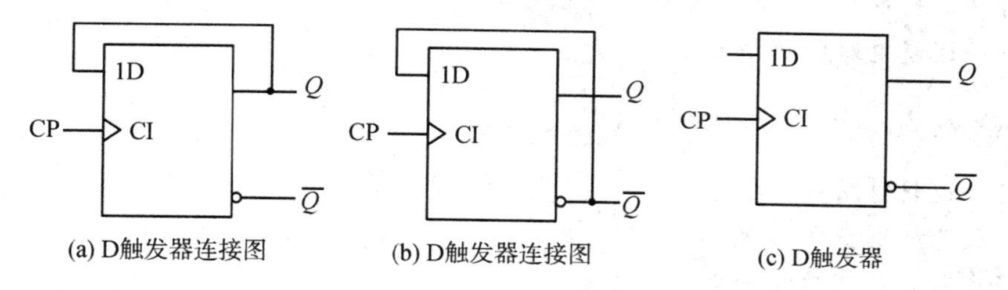

题 4－14 图

4－15　某同学用芯片 74LS112 组成电路，并从示波器上观察到该电路波形如图所示，试问该电路是如何连接的？请画出电路连线图。

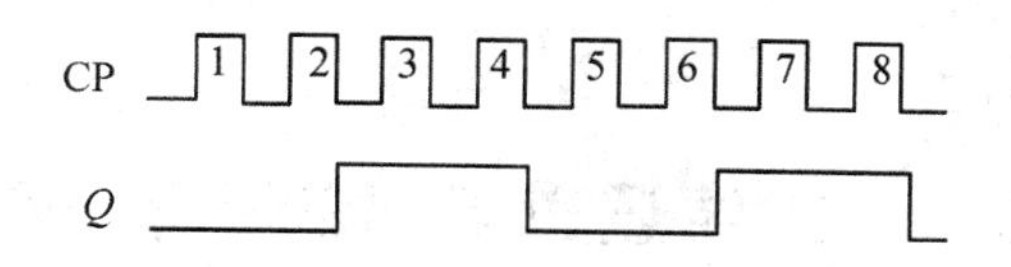

题 4－15 图

4－16　集成双 D 触发器 74LS74 引脚排列如图 4－15 所示。简述各引脚的功能，若用它构成一个四分频器，画出实验电路连线图。

第5章　时序逻辑电路

知识重点

- 时序逻辑电路的特点
- 时序逻辑电路的分析方法
- 时序逻辑电路的典型应用

知识难点

- 时序逻辑电路的分析
- 计数器的典型电路分析
- 寄存器的逻辑功能分析

本章主要讲述了时序逻辑电路的基本结构、工作原理、分析方法和典型应用。首先，概要地讲述了时序逻辑电路在逻辑功能和电路结构上的特点，并详细介绍了分析时序逻辑电路的具体步骤和方法，然后分别介绍了寄存器、计数器等各类常用时序逻辑电路的工作原理和使用方法。

5.1　时序逻辑电路的基本知识

5.1.1　时序逻辑电路的特点及一般结构

常见的数字电路一般可分为组合逻辑电路和时序逻辑电路两大类。对于前面课程中我们讨论过的组合逻辑电路来说，任一时刻的输出信号仅取决于当时的输入信号，而与该电路前一时刻的电路状态无关，这是组合逻辑电路在逻辑功能上的基本特点。而本章要介绍的另一种类型的逻辑电路，即时序逻辑电路，有着和组合逻辑电路全然不同的特点。在时序逻辑电路中，任一时刻的输出信号不仅取决于当时的输入信号，而且还取决于电路原来的状态，也就是说，以前的电路状态和当前的输入结果共同决定了当前的输出结果。具备这种逻辑功能特点的电路称为时序逻辑电路，简称时序电路。

要想保留逻辑电路原来的状态，就需要用到触发器的记忆功能。当触发器和组合逻辑电路结合之后，就形成了时序逻辑电路。时序逻辑电路的框图如图5－1所示。

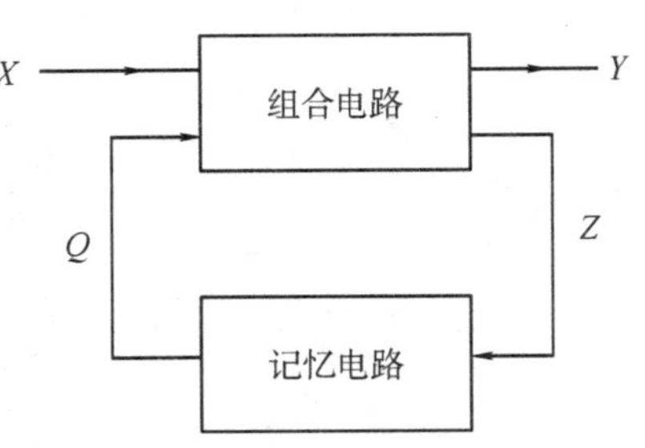

图5－1　时序逻辑电路框图

如图 5－1 所示，时序逻辑电路和组合逻辑电路的区别是具有记忆电路(存储电路)。图中的 X 为时序逻辑电路的输入信号，Y 为时序逻辑电路的输出信号，Z 为记忆电路的输入信号，Q 为记忆电路的输出信号。根据框图可以写出时序逻辑电路的相关逻辑关系式。

(1) 输出方程：

$$Y = f(X^n, Q^n)$$

输出方程表示的是时序逻辑电路的输出信号与输入信号和记忆电路原状态之间的关系。

(2) 驱动方程：

$$Z = g(X^n, Q^n)$$

驱动方程表示的是记忆电路的输入信号与组合电路输入变量和记忆电路原状态之间的关系。

(3) 状态方程：

$$Q^{n+1} = h(Z^n, Q^n)$$

状态方程表示的是记忆电路的新状态与记忆电路原状态和记忆输入信号之间的关系。

时序逻辑电路按照逻辑功能进行分类可分为计数器、寄存器等。按照时序逻辑电路中时钟脉冲的个数分类可分为同步时序逻辑电路、异步时序逻辑电路。如果时序逻辑电路中，所有的触发器都受同一个时钟脉冲的控制，则称为同步时序逻辑电路；如果时序逻辑电路中，所有的触发器不是都受同一个时钟脉冲的控制，则称为异步时序逻辑电路。

5.1.2　时序逻辑电路的分析方法

1. 时序逻辑电路逻辑功能的描述方法

对于同一个时序逻辑电路，往往可以用多种方法来描述，常用的描述方法有以下几种：

(1) 逻辑方程式：把电路的状态和输出信号在输入变量和时钟信号作用下的变化规律用方程式的形式表示出来，它包含输出方程、驱动方程、状态方程。根据这三个方程，就能够求得在任何给定输入变量和电路状态下电路的输出和次态。

(2) 状态转换表：将时序逻辑电路的输入信号(X)、初态(Q^n)和电路的输出信号(Y)、次态(Q^{n+1})之间的对应关系用表格的形式表示出来。

(3) 状态转换图：将电路的各种状态以及相应的转换条件用图形的形式表示出来。

(4) 时序图：又称为工作波形图，是指电路在时钟脉冲(CP)序列作用下，电路状态(Q)、输出信号(Y)随时间(t)变化的波形图。

2. 同步时序逻辑电路的分析方法

时序逻辑电路分析的目的与组合逻辑电路分析相同，即找出给定的时序逻辑电路的逻辑功能。分析的步骤为：

(1) 写出各类方程：包括电路输出方程、触发器驱动方程、触发器状态方程。其中电路输出方程在时序逻辑电路的输出端直接写出；触发器驱动方程在各触发器的输入端直接写出；触发器状态方程必须将驱动方程代入所用触发器的特性方程中得到。

(2) 列出状态转换表：根据状态方程，将各触发器的初态代入状态方程，通过计算可以得到各触发器的次态，并填到相对应的位置上。

(3) 画出状态转换图、时序图：根据状态转换表，画出状态转换图、时序图。

(4) 分析得出电路的逻辑功能：根据状态转换图、状态转换表或时序图可以得出给定电路的逻辑功能。

【例 5－1】 试分析图 5－2 所示时序电路的逻辑功能。

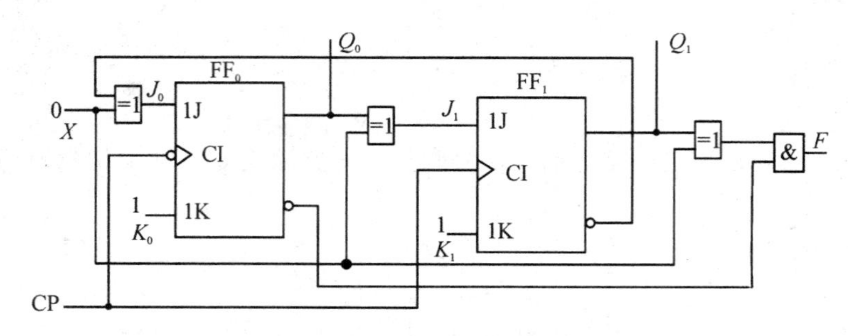

图 5－2　例 5－1 时序逻辑电路

解　根据同步时序逻辑电路的分析方法：

(1) 写出各类方程。

电路输出方程　　$F=(X\oplus Q_1^n)\overline{Q_0^n}=Q_1^n\,\overline{Q_0^n}$

触发器驱动方程　　$FF_0：J_0=X\oplus\overline{Q_1^n}=\overline{Q_1^n}，K_0=1$

$FF_1：J_1=X\oplus Q_0^n=Q_0^n，K_1=1$

将各驱动方程代入 JK 触发器的特性方程，得到各触发器的次态方程为

触发器状态方程　$FF_0：Q_0^{n+1}=J_0\,\overline{Q_0^n}+\overline{K_0}Q_0^n=(X\oplus\overline{Q_1^n})\overline{Q_0^n}=\overline{Q_1^n}\,\overline{Q_0^n}$

$FF_1：Q_1^{n+1}=J_1\,\overline{Q_1^n}+\overline{K_1}Q_1^n=(X\oplus Q_0^n)\overline{Q_1^n}=Q_0^n\,\overline{Q_1^n}$

(2) 列出状态转换表。

将任何一组输入变量及电路的初态的取值代入状态方程和输出方程，即可算出电路的次态和初值下的输出值，再以得到的次态作为新的初态，和这时的输入变量取值一起再代入状态方程和输出方程进行计算，又得到一组新的次态和输出值。如此继续下去，把全部的计算结果列成真值表的形式，即得到状态转换表。

根据定义可得例 5－1 的状态转换表如表 5－1 所示，从表中可以看出，当电路初态变为 10 状态时，若继续计算则电路次态又变回 00 状态，且此时输出 1。

表 5－1　例 5－2 状态转换表

输入		初态		次态		输出
CP	X	Q_1^n	Q_0^n	Q_1^{n+1}	Q_0^{n+1}	F
1	0	0	0	0	1	0
2	0	0	1	1	0	0
3	0	1	0	0	0	1

(3) 画出状态转换图、时序图。

状态转换图可以根据状态表得到，也就是把电路的状态转换以图形表示出来。在状态转换图中以圆圈表示电路的各个状态，以箭头表示状态转换的方向，同时在箭头旁注明了状态转换前的输入变量取值和输出值。通常将输入变量取值写在斜线以上，将输出值写在斜线以下。图 5-3 为例 5-1 的状态转换图。

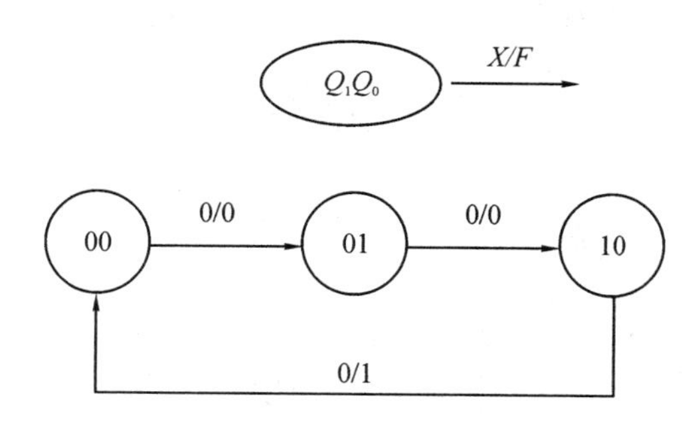

图 5-3　例 5-1　状态转换图

时序图(图中横轴方向是时间 t，纵轴方向是电平，为使图形简单而省略，后同。)可以根据状态转换表得到，如图 5-4 所示。要注意的是，根据图 5-2 所示 JK 触发器类型，CP 脉冲为下降沿触发。

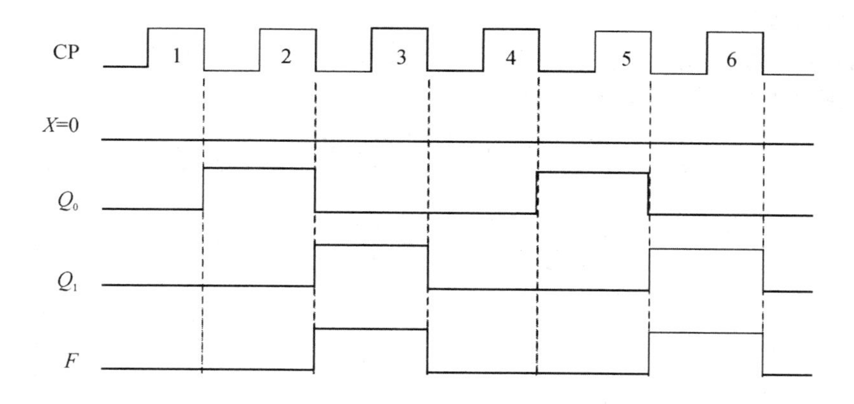

图 5-4　例 5-1 时序图

(4) 分析得出电路的逻辑功能。

从状态转换表或转换图可以看到，电路按照脉冲加 1 规律来完成 00→01→10→00 的循环变化，并且，每当转换为 10 状态(最大数)时，进位信号输出 $F=1$。因此，该电路是一个三进制的同步计数器，即电路只有 3 个状态，且这 3 个状态依次变化，则电路完成一次循环刚好可以看成计了 3 个数。

3. 异步时序逻辑电路的分析方法

因为异步时序逻辑电路的时钟脉冲(CP)不止一个，当某个触发器得到有效的时钟脉冲时才会更新状态，否则保持原状态不变。所以在分析异步时序逻辑电路时，除了同步时序逻辑电路分析中的所有方程以外，还应该写出时钟方程。列状态转换表时，除了依据状态方程以外，还要依据时钟方程。

【例 5 - 2】 试分析图 5 - 5 所示时序电路的逻辑功能。

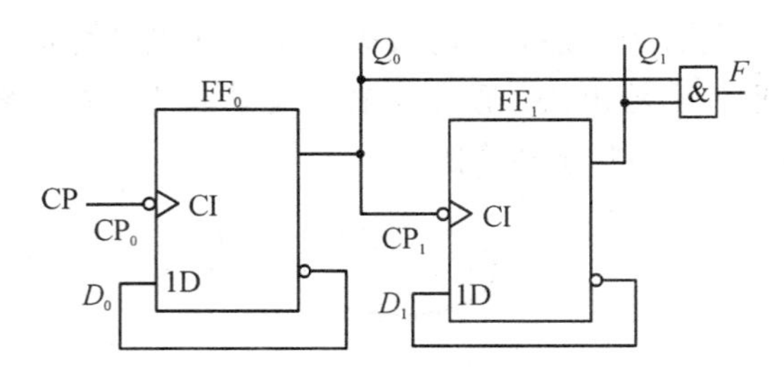

图 5 - 5　例 5 - 2 时序逻辑电路图

解　(1) 写出各类方程。

时钟方程　$CP_0 = CP$(时钟脉冲源的下降沿触发)

$CP_1 = Q_0$(当 FF_0 的 Q_0 由 1→0，CP_1 有效时，FF_1 才能被触发)

电路输出方程　$F = Q_1^n Q_0^n$

触发器驱动方程　$D_0 = \overline{Q_0^n}$，$D_1 = \overline{Q_1^n}$

触发器状态方程　$Q_0^{n+1} = D_0 = \overline{Q_0^n}$(CP 下降沿有效，即 CP_0 由 1→0 时此式有效)

$Q_1^{n+1} = D_1 = \overline{Q_1^n}$($Q_0$ 下降沿有效，即 CP_1 由 1→0 时此式有效)

(2) 列出状态转换表。

异步时序电路确定状态转换表的方法和同步时序电路相同，不过需要特别注意方程在何时有效。状态转换表如表 5 - 2 所示。

表 5 - 2　例 5 - 2 状态转换表

输入		初态		次态		输出
CP_1	CP_0	Q_1^n	Q_0^n	Q_1^{n+1}	Q_0^{n+1}	F
1	↓	0	0	0	1	0
↓	↓	0	1	1	0	0
1	↓	1	0	1	1	0
↓	↓	1	1	0	0	1

(3) 根据状态转换表画出状态转换图、时序图，分别如图 5 - 6 和图 5 - 7 所示。

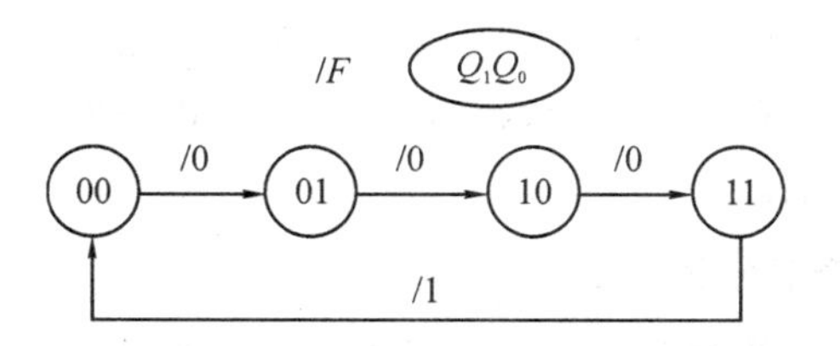

图 5 - 6　例 5 - 2 状态转换图

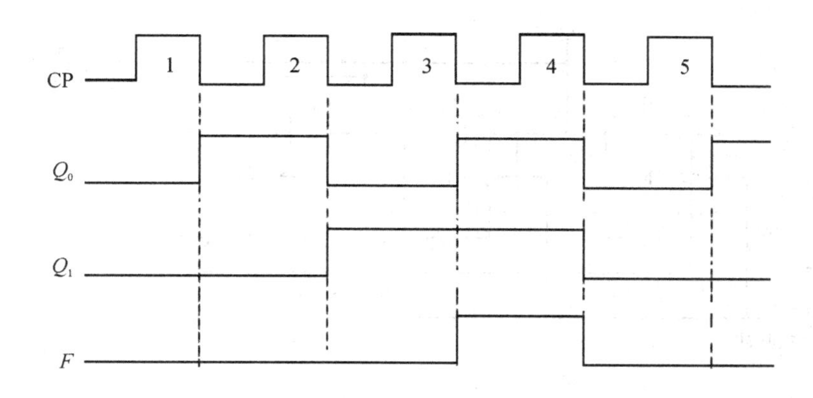

图 5-7　例 5-2 时序图

(4) 逻辑功能分析。

从状态转换表或状态转换图可看到，电路按照加 1 规律完成 00→01→10→11→00 的循环规律变化，并且，当转换为 11 状态(最大数)时，输出 $F=1$ 为进位信号，因此，该电路是一个四进制的异步计数器。

5.2 计　数　器

计数器是一种常见的时序逻辑电路。计数器能够累计 CP 脉冲(又称为计数脉冲)个数。计数器由没有空翻的触发器组成，可以用于计数、分频、定时以及产生序列脉冲。计数器如果按照时钟(称为计数)脉冲的引入方式分类可分为同步计数器和异步计数器。所有的触发器受同一个 CP 脉冲的控制时，称为同步计数器(如例 5-1)；所有的触发器不是受同一个 CP 脉冲的控制时，称为异步计数器(如例 5-2)。

计数器按照计数长度分类可分为二进制计数器、二-十进制计数器和任意进制计数器。按照二进制的规律计数的计数器称为二进制计数器；按照二-十进制编码(如 8421BCD 码)的规律计数的计数器称为二-十进制计数器；能够完成任意计数长度的计数器称为任意进制计数器(如六进制、十二进制、六十进制等)。按照计数器的状态的变化规律分类可分为加法计数器、减法计数器和可逆计数器。如果计数器的状态随着 CP 脉冲个数的增加而增加，称为加法计数器；如果计数器的状态随着 CP 脉冲个数的增加而减少，称为减法计数器；在控制信号的作用下，既可以加法计数又可以减法计数的计数器称为可逆计数器。

5.2.1　二进制计数器

1. 同步二进制计数器

在图 5-8 中，JK 触发器构成了同步二进制加法计数电路。所谓加法计数器就是进行递增计数，在图中可以看到，各个触发器时钟脉冲接的都是同一个脉冲源，也就是所说的同步。

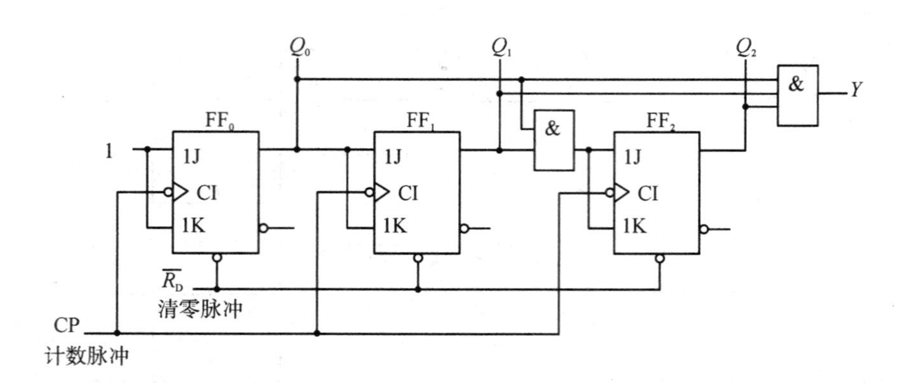

图 5-8　同步二进制加法计数器

每一级触发器都接成 T 触发器，$T=1$ 时触发器翻转；$T=0$ 时触发器不翻转。按照时序逻辑电路的分析方法，首先写出各类方程。

驱动方程　FF_0：$T_0=1$

FF_1：$T_1=Q_0^n$

FF_2：$T_2=Q_0^nQ_1^n$

把驱动方程代入 T 触发器特性方程 $Q^{n+1}=T\overline{Q^n}+\overline{T}Q^n$ 得到

状态方程　FF_0：$Q_0^{n+1}=\overline{Q_0^n}$

FF_1：$Q_1^{n+1}=Q_0^n\overline{Q_1^n}+\overline{Q_0^n}Q_1^n$

FF_2：$Q_2^{n+1}=Q_0^nQ_1^n\overline{Q_2^n}+\overline{Q_0^nQ_1^n}Q_2^n$

输出(进位)方程　$Y=Q_0^nQ_1^nQ_2^n$

根据状态方程和输出方程列出状态转换表，如表 5-3 所示。表 5-3 为状态转换表的另一种表示形式，相邻两行之间，上面一行为初态，下面一行为次态。

表 5-3　同步二进制加法计数器状态转换表

CP 个数	Q_2	Q_1	Q_0	Y	CP 个数	Q_2	Q_1	Q_0	Y
0	0	0	0	0	4	1	0	0	0
1	0	0	1	0	5	1	0	1	0
2	0	1	0	0	6	1	1	0	0
3	0	1	1	0	7	1	1	1	1

由状态转换表画出状态转换图，如图 5-9 所示。

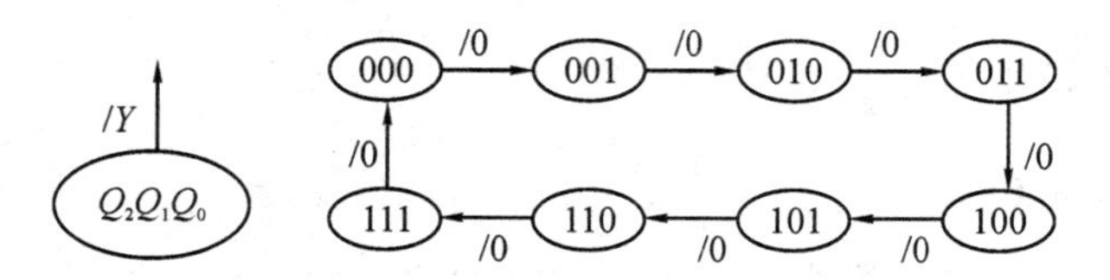

图 5-9　同步二进制加法计数器状态转换图

由状态转换图可以得出电路的逻辑功能：同步二进制加法计数器。从 000 开始计数，当计数到第 8 个脉冲时(111)，计数器被清零，同时由 Y 端向高一级计数器输出进位信号，完成一轮循环计数。因此 3 位二进制计数器又称为八进制计数器，即计数到第几个 CP 脉冲被清零，就称为几进制计数器。同步二进制加法计数器时序图如图 5－10 所示。

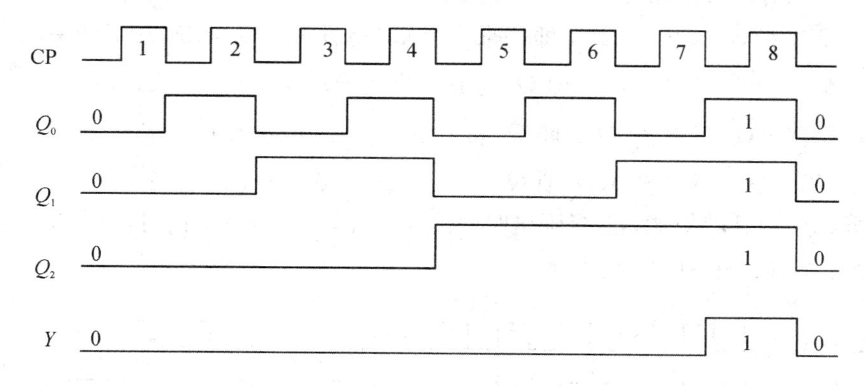

图 5－10　同步二进制加法计数器时序图

二进制计数器除了用于计数，还可以用于分频、定时等。计数、分频、定时的规律如下：

(1) 计数规律：一级触发器可以计数 $2^1=2$ 个 CP 脉冲；二级触发器可以计数 $2^2=4$ 个 CP 脉冲……N 级触发器可以计数 2^N 个 CP 脉冲。

(2) 分频规律：由图 5－10 可以看出，CP 脉冲经过一级触发器后(从 Q_0 端输出)，输出脉冲的频率降低一半，称为 $2(2^1)$分频；CP 经过二级触发器(Q_1)后，输出脉冲的频率降为四分之一，称为 $4(2^2)$分频……CP 经过 N 级触发器后，称为 2^N 分频。利用计数器可以获得更低频率的脉冲。

(3) 定时规律：在图 5－10 中，设 CP 脉冲的周期为 1 秒，经过一级触发器以后(从 Q_0 端输出)为 $2(2^1)$秒，经过二级触发器(Q_1)以后为 $4(2^2)$秒……经过 N 级触发器以后为 2^N 秒。利用计数器可以获得更长时间的定时。

2. 异步二进制计数器

在图 5－11 中，JK 触发器构成了异步二进制加法计数器，实际它由 T′触发器构成。异步计数器的时钟脉冲源 CP 不止一个，各个触发器采用不同的时钟控制。

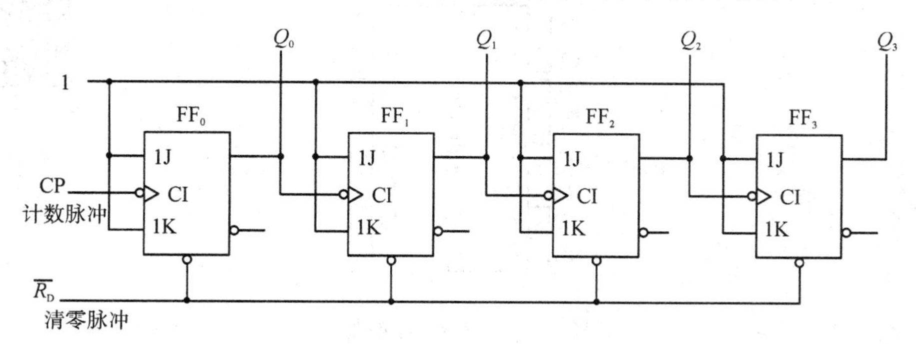

图 5－11　异步二进制加法计数器

因为人们习惯于计数器从零开始，所以将各级触发器的$\overline{R_D}$端(清零端)引出，计数之前在$\overline{R_D}$端送入一个低电平，使所有的触发器都“置0”，称为“清零”。计数脉冲从CP端输入，Q_3、Q_2、Q_1、Q_0为计数器状态输出。

T′触发器只有翻转的功能。写出状态方程并找出各级触发器的翻转条件。

FF_0：　$Q_0^{n+1}=\overline{Q_0^n}$，$CP_0=CP$，即每来一个CP脉冲的下降沿$Q_0$都翻转一次。

FF_1：　$Q_1^{n+1}=\overline{Q_1^n}$，$CP_1=Q_0$，即$Q_0$每有一个下降沿$Q_1$翻转一次。

FF_2：　$Q_2^{n+1}=\overline{Q_2^n}$，$CP_2=Q_1$，即$Q_1$每有一个下降沿$Q_2$翻转一次。

FF_3：　$Q_3^{n+1}=\overline{Q_3^n}$，$CP_3=Q_2$，即$Q_2$每有一个下降沿$Q_3$翻转一次。

按照分析出的翻转规律，直接画出时序图，如图5-12所示。由时序图可以得出电路的逻辑功能为：异步二进制加法计数器。

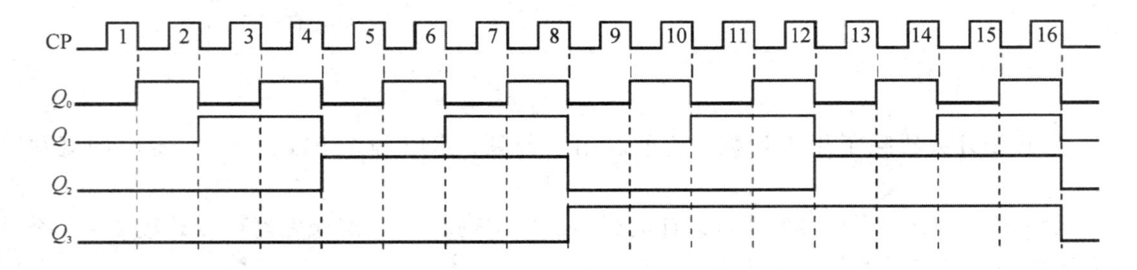

图5-12　4位异步二进制加法计数器时序图

如果将低位触发器的$\overline{Q}$端接到相邻高位触发器的CP端，就可以完成异步二进制减法计数器。上升沿触发的触发器将低位触发器的$\overline{Q}$端接到相邻高位触发器的CP端，可以完成异步二进制加法计数器。

3. 集成二进制计数器

集成计数器品种很多，如可预置的4位二进制同步加法计数器74LS161(直接清零)、十六进制(4位二进制)可逆计数器74LS191、可预置二进制可逆计数器74LS169、双四位二进制同步加法计数器CC4520等。

(1) 74LS161的引脚图如图5-13所示，功能表如表5-4所示。

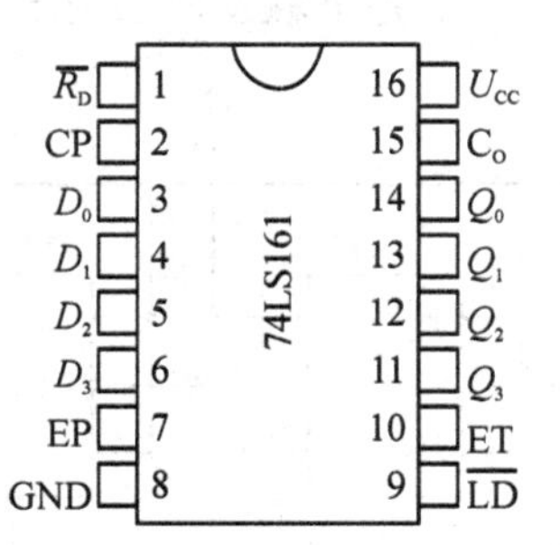

图5-13　74LS161引脚图

图5-13中D_0、D_1、D_2、D_3为并行数据输入端，Q_0、Q_1、Q_2、Q_3为输出端，$\overline{LD}$为同步

并行置数控制端（低电平有效），CP 为时钟输入端（上升沿有效），$\overline{R_D}$为异步清零端（低电平有效），EP 、ET 为计数控制端（高电平有效），C_O 为进位输出端，当计数器处于计数状态 EP＝ET＝1，触发器全为 1 时，进位输出（C_O）为 1，否则为 0。

表 5－4　4 位二进制同步加法计数器 74LS161 功能表

输入									输出				工作状态
清零	预置	状态控制		时钟	并行数据								
$\overline{R_D}$	$\overline{LD}$	EP	ET	CP	D_3	D_2	D_1	D_0	Q_3	Q_2	Q_1	Q_0	
0	×	×	×	×	×	×	×	×	0	0	0	0	异步清零
1	0	×	×	↑	d_3	d_2	d_1	d_0	d_3	d_2	d_1	d_0	同步置数
1	0	×	×	↑	0	0	0	0	0	0	0	0	
1	1	1	1	↑	×	×	×	×	计数				加法计数
1	1	0	1	×	×	×	×	×	保持				数据保存
1	1	×	0	×	×	×	×	×	保持				保持（C_O＝0）

从表 5－4 可以看出，集成芯片 7LS161 为可预置数的 4 位二进制同步计数器，清零端是异步的，当清零端$\overline{R_D}$为低电平时，不管时钟端 CP 状态如何，即可完成清零功能。预置数端是同步的，当预置控制器$\overline{LD}$(Load)为低电平时，在 CP 上升沿的作用下，把并行数据输入端的数据 D 置入到输出端 Q，即输出端 $Q_3Q_2Q_1Q_0$ 与数据输入端 $D_3D_2D_1D_0$ 数值相同。计数是同步的，靠 CP 同时加在四个触发器上而实现。当 EP、ET 均为高电平时，在 CP 上升沿的作用下，$Q_3Q_2Q_1Q_0$ 同时变化，从而消除了异步计数器中出现的计数尖峰。当计数溢出时，进位输出端（C_O）输出一个高电平脉冲，其宽度为 Q_0 的高电平部分。在不外加门电路的情况下，可级联成 N 位同步计数器。

(2) 可预置的二进制同步可逆计数器 74LS169 的引脚图如图 5－14 所示，功能表如表 5－5所示。

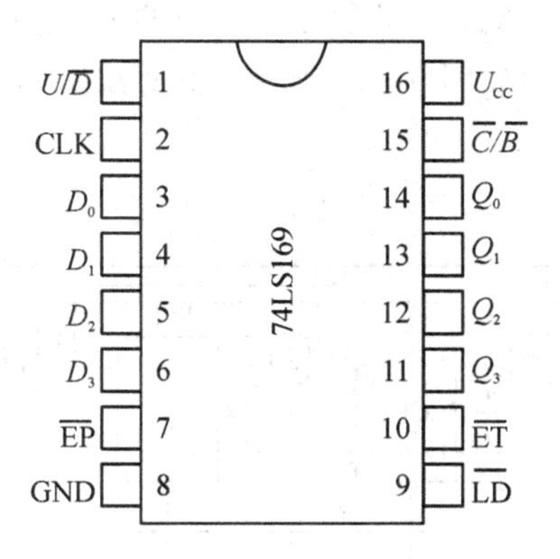

图 5－14　74LS169 引脚排列图

$\overline{EP}$、$\overline{ET}$为计数控制输入端(低电平有效)。$U/\overline{D}$ 为加/减计数控制端，$U/\overline{D}=1$ 时计数器进行加法计数；$U/\overline{D}=0$ 时计数器进行减法计数。$D_3D_2D_1D_0$ 为并行数据输入端，$Q_3Q_2Q_1Q_0$ 为输出端，CP 为时钟输入端(上升沿有效)。$\overline{LD}$为同步置数控制端(低电平有效)，即$\overline{LD}=0$ 时，送入 CP 后计数器 $Q_3Q_2Q_1Q_0=D_3D_2D_1D_0$，再送 CP 脉冲，计数器从 $D_3D_2D_1D_0$ 开始计数。C/B(进位/借位)为动态进位输出端(低电平有效)，有超前进位功能。当计数溢出时，进位端输出一个低电平脉冲，其宽度为：加计数时为 Q_0的高电平部分，减计数时为 Q_0 的低电平部分。利用$\overline{EP}$、$\overline{ET}$、C/B 端，在不外加门电路的情况下，可级联成 N 位(任意计数长度)同步计数器。

表 5-5　可预置的 4 位二进制同步加/减计数器 74LS169 功能表

输入									输出				工作状态
预置	状态控制		方式	时钟	并行数据								
$\overline{LD}$	$\overline{EP}$	$\overline{ET}$	$U/\overline{D}$	CP	D_3	D_2	D_1	D_0	Q_3	Q_2	Q_1	Q_0	
0	×	×	×	↑	d_3	d_2	d_1	d_0	d_3	d_2	d_1	d_0	同步置数
0	×	×	×	↑	0	0	0	0	0	0	0	0	
1	0	0	1	↑	×	×	×	×	计数				加计数
1	0	0	0	↑	×	×	×	×	计数				减计数
1	1	×	×	×	×	×	×	×	保持				数值保持不变
1	×	1	×	×	×	×	×	×	保持				

5.2.2　二-十进制计数器

1. 二-十进制加法计数器

要计数 10 个 CP 脉冲需要 4 级触发器，但是 4 级触发器有 16 个状态，要按照二-十进制编码的方式计数，计数器必须能够自动跳过 6 个(1010～1111)无效状态。同步二-十进制计数器的逻辑图如图 5-15 所示。下面按照同步时序逻辑电路的分析步骤进行分析。

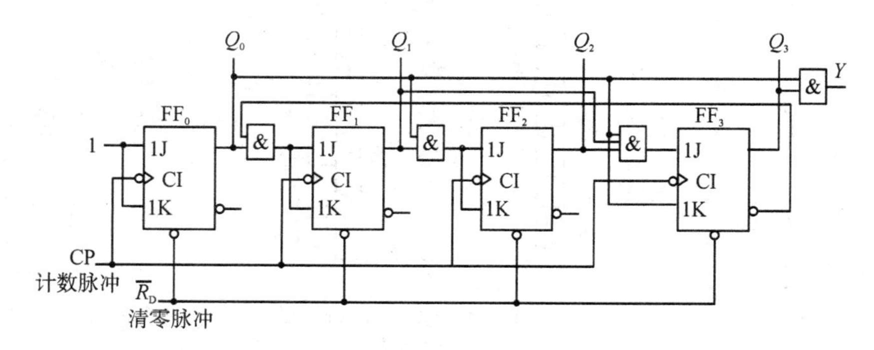

图 5-15　同步二-十进制加法计数器

根据图 5－15 写出各类方程(JK 触发器的特性方程为 $Q^{n+1}=J\overline{Q^n}+\overline{K}Q^n$)：

驱动方程　FF_0：$J_0=K_0=1$

FF_1：$J_1=K_1=Q_0^n\overline{Q_3^n}$

FF_2：$J_2=K_2=Q_0^nQ_1^n$

FF_3：$J_3=Q_0^nQ_1^nQ_2^n$，$K_3=Q_0^n$

状态方程　FF_0：$Q_0^{n+1}=\overline{Q_0^n}$

FF_1：$Q_1^{n+1}=Q_0^n\overline{Q_3^n}\,\overline{Q_1^n}+\overline{Q_0^n\overline{Q_3^n}}Q_1^n$

FF_2：$Q_2^{n+1}=Q_0^nQ_1^n\overline{Q_2^n}+\overline{Q_0^nQ_1^n}Q_2^n$

FF_3：$Q_3^{n+1}=Q_0^nQ_1^nQ_2^n\overline{Q_3^n}+\overline{Q_0^n}Q_3^n$

输出方程　$Y=Q_0^nQ_3^n$

根据状态方程和输出方程列出状态转换表，如表 5－6 所示。

表 5－6　同步二-十进制加法计数器状态转换表

CP 个数	Q_3	Q_2	Q_1	Q_0	Y	CP 个数	Q_3	Q_2	Q_1	Q_0	Y
0	0	0	0	0	0	10	0	0	0	0	0
1	0	0	0	1	0	0	1	0	1	0	0
2	0	0	1	0	0	1	1	0	1	1	1
3	0	0	1	1	0	2	0	1	1	0	0
4	0	1	0	0	0	0	1	1	0	0	0
5	0	1	0	1	0	1	1	1	0	1	1
6	0	1	1	0	0	2	0	1	0	0	0
7	0	1	1	1	0	0	1	1	1	0	0
8	1	0	0	0	0	1	1	1	1	1	1
9	1	0	0	1	1	2	0	0	1	0	0

根据表 5－6 画出状态转换图，如图 5－16 所示。

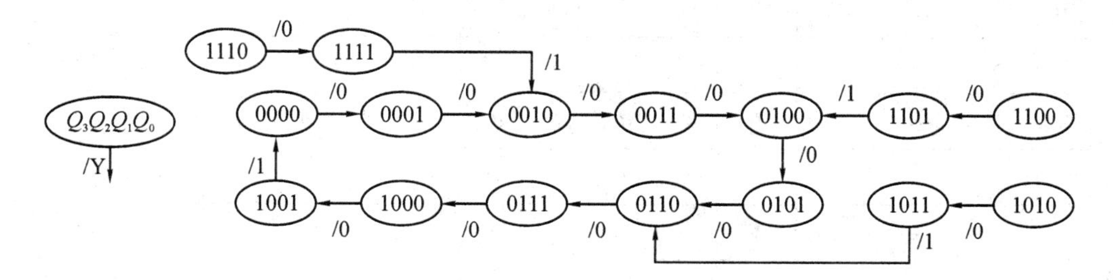

图 5－16　同步二-十进制加法计数器状态转换图

由状态转换图得出电路的逻辑功能：同步二-十进制加法计数器，能够自启动。二-十进制计数器除了同步计数器以外还有异步计数器。除了加法计数器以外还有减法计数器，二者的组合可以实现可逆(加/减)计数。

2. 集成二-十进制计数器

目前集成二-十进制计数器品种较多，常见的有同步十进制加法计数器74LS160(同步置数、直接清零)、同步十进制加法计数器 74LS162(同步清零)、可预置十进制可逆计数器 74LS168、二-五-十进制异步计数器 74LS290 等。

同步十进制加法计数器 74LS160 与 74LS290 的引脚图与框图如图 5-17 所示。

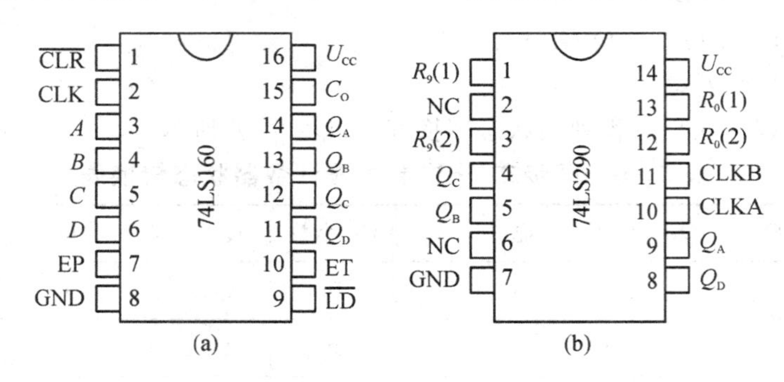

图 5-17　集成计数器 74LS160、74LS290 引脚图与框图

74LS160 功能：CLK 为计数脉冲输入端，上升沿计数；$\overline{\text{CLR}}$为清零端，低电平有效，直接清零(即清零不受 CLK 的控制)；$\overline{\text{LD}}$为置数控制端，低电平有效，即$\overline{\text{LD}}=0$，CP 上升沿到来时，使 $Q_3Q_2Q_1Q_0 = D_3D_2D_1D_0$，从而计数器可以从任何数值($d_3d_2d_1d_0$)开始计数；EP、ET 为计数控制端，高电平有效，即 EP=ET=1 时计数器正常计数，否则不计数。图中 C_O 为计数器的输出端，用于向高位计数器输出进位脉冲。功能表如表 5-7 所示。

表 5-7　同步十进制加法计数器 74LS160 功能表

输入									输出				工作状态
清零	预置	状态控制		时钟	并行数据								
$\overline{\text{CLR}}$	$\overline{\text{LD}}$	EP	ET	CP	D_3	D_2	D_1	D_0	Q_3	Q_2	Q_1	Q_0	
0	×	×	×	×	×	×	×	×	0	0	0	0	异步清零
1	0	×	×	↑	d_3	d_2	d_1	d_0	d_3	d_2	d_1	d_0	同步置数
1	0	×	×	↑	0	0	0	0	0	0	0	0	
1	1	1	1	↑	×	×	×	×	计数				计数
1	1	0	×	×	×	×	×	×	保持				数值保持不变
1	1	×	0	×	×	×	×	×	保持				

74LS290 功能表如表 5-8 所示。

表 5-8　异步二-五-十进制加法计数器 74LS290 功能表

输　入						输　出				工作状态
清零		预置		时钟						
$S_9(1)$	$S_9(2)$	$R_0(1)$	$R_0(2)$	CP_1	CP_2	Q_3	Q_2	Q_1	Q_0	
1	1	×	×	×	×	1	0	0	1	置 9(优先级最高)
0	×	1	1	×	×	0	0	0	0	置 0
×	0	1	1	×	×	0	0	0	0	
×	0	×	0	↓	×	Q_0				二进制计数(二分频)
0	×	0	×	×	↓	$Q_3Q_2Q_1$				五进制计数(五分频)
0	×	×	0	↓	Q_0	$Q_3Q_2Q_1Q_0$				十进制计数(8421 码)
×	0	0	×	Q_3	↓	$Q_0Q_3Q_2Q_1$				十进制计数(5421 码)

从表 5-8 可以看出，74LS290 有多种用途，从 CP_1 送计数脉冲，从 Q_0 输出为 1 位二进制计数器；从 CP_2 送计数脉冲，从 $Q_3Q_2Q_1$ 输出为五进制计数器；从 CP_1 送计数脉冲，将 Q_0 与 CP_2 相连，从 $Q_3Q_2Q_1Q_0$ 输出为异步(不止一个 CP)十进制计数器。

另外还有一些置数输入端，$R_0(1)$、$R_0(2)$为“置 0”输入端，高电平有效。当 $R_0(1)=R_0(2)=1$时，计数器 $Q_3Q_2Q_1Q_0=0000$。$S_9(1)$、$S_9(2)$为“置 9”输入端，高电平有效。当 $S_9(1)=S_9(2)=1$时，计数器 $Q_3Q_2Q_1Q_0=1001$。正常计数器时二者至少有一端接低电平，否则计数器将不能正常工作。

5.2.3　任意进制计数器

在日常生活中，除了二进制、十进制计数规律以外，还有十二进制、二十四进制、六十进制等计数规律。广义地讲，除了二进制、十进制以外的计数器统称为任意进制计数器。

从集成电路产品的成本考虑，没有现成的任意进制计数器产品。要实现任意进制计数器，可以用现有的集成计数器加以改造而得到。下面讨论的是几种常用的实现任意进制计数器的方法：反馈法和级联法。

1. 反馈法

(1) 反馈到“置 0”端实现任意进制计数。对于具有“置 0”端的集成计数器，利用“置 0”端，让计数器跳过不需要(无效)的状态，实现任意进制计数。

【例 5-3】 用同步十进制计数器 74LS160 和附加的门电路接成六进制计数器。

解　74LS160 是十进制计数器，直接清零。要接成六进制，需要让计数器跳过 0110～1001 这 4 个无效状态，因此需要让计数器一旦出现 0110 时，产生一个清零信号“0”，并送到 $\overline{CLR}$端，使计数器自动清零，跳过 4 个无效状态。由于 74LS160 是直接清零，所以 0110 不会稳定存在，从而实现六进制计数。连接示意图如图 5-18 所示。状态转换图如图 5-19 所示。

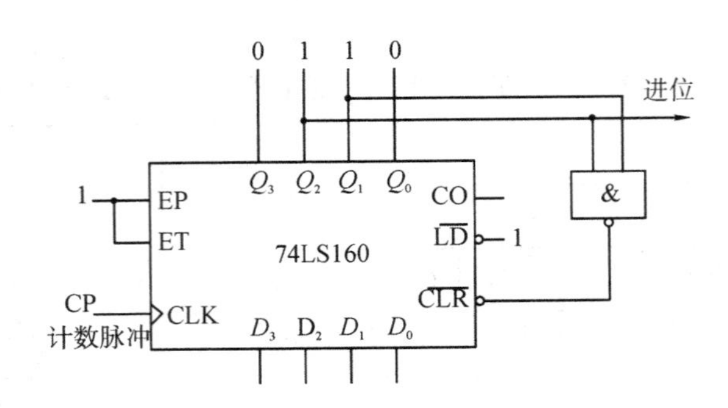

图 5-18　例 5-3 连接示意图

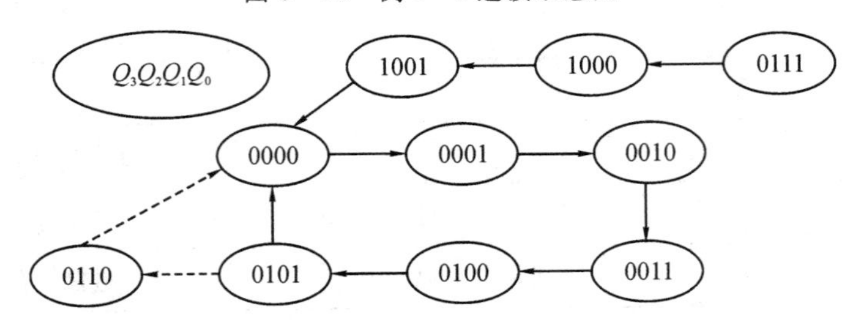

图 5-19　例 5-3 状态转换图

通过例 5-3 可以得出连接规律：将计数器的输出端 Q_3、Q_2、Q_1、Q_0 中，恰为 1 的输出端接到与非门的输入端，与非门的输出端接到清零端，可以实现任意(小于集成块计数)长度的计算器。

(2) 反馈到"置数"端实现任意进制计数。对于具有"置数"功能的计数器，可以利用"置数"端，合理置入数据，跳过无效状态，实现任意进制计数。分析方法见下面的例题。

【例 5-4】 利用"置数"端，用 74LS160 和附加的门电路接成六进制计数器。

解　74LS160 为同步置数，即 $\overline{LD}=0$ 送 CP 脉冲后，计数器才有 $Q_3Q_2Q_1Q_0=D_3D_2D_1D_0$。所以译码输入应该为 6 的前一个状态，即 $Q_3Q_2Q_1Q_0=0101$ 时产生置数脉冲 $\overline{LD}=0$，下一个 CP 脉冲到来时，置入 0000 态，跳过 4 个无效状态，实现六进制计数。连接示意图如图 5-20 所示。利用计数器的状态转换图中的任意 6 个状态都可以实现六进制计数，如图 5-21 所示。

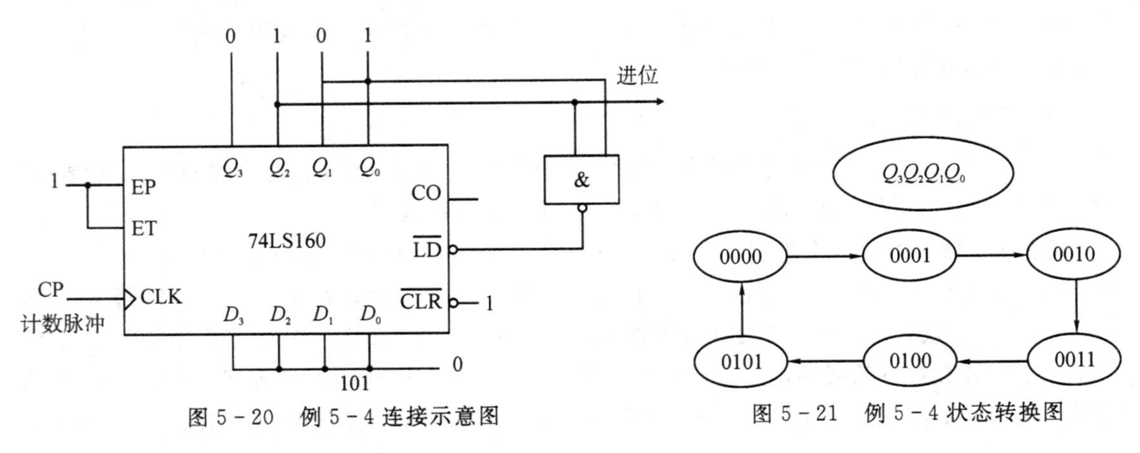

图 5-20　例 5-4 连接示意图　　图 5-21　例 5-4 状态转换图

2. 级联法

如果需要的计数长度比较长(如六十进制)，显然反馈法是不行的，我们可以将多级计数器合理地连接起来，以实现计数长度大于单片计数器计数长度的任意进制计数器。

【例 5-5】 用两片 74LS160 和附加的门电路接成六十进制计数器。

解　将第一片 74LS160 作为个位(十进制计数)，将第二片 74LS160 接成六进制计数器作为十位，个位的进位输出接到十位的 CLK 端。计数脉冲从个位 CLK 端送入，每送入 10 个 CP 脉冲，个位清零的同时向十位进 1，当计到第 60 个脉冲后，整个计数器清零，完成一轮循环计数。由十位的 C_O 向更高位输出进位信号。连接示意图如图 5-22 所示。

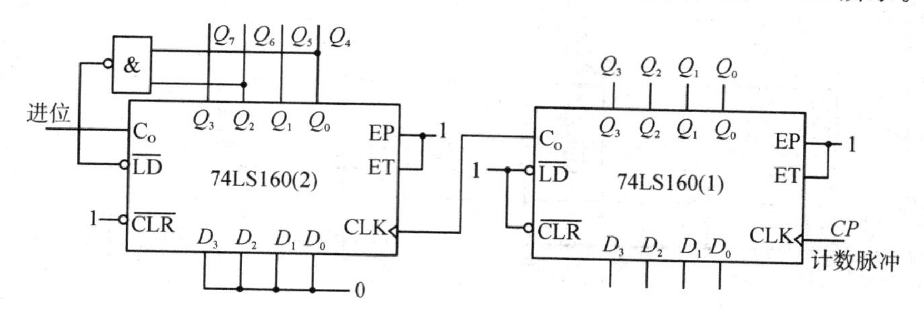

图 5-22　例 5-5 连接示意图

【例 5-6】 用两片 74LS290 和附加的门电路(74LS00)接成二十四进制计数器。

解　将第一片 74LS290 作为个位(十进制计数)，将第二片 74LS290 接成二进制计数器作为十位，个位的输出(Q_3Q_0)接到十位的 CP_1 端。计数脉冲从个位 CP_1 端送入，每送入 10 个 CP 脉冲，个位清零的同时向十位进 1，当计到第 24 个脉冲后，十位输出 $Q_3Q_2Q_1Q_0=0010$，个位输出 $Q_3Q_2Q_1Q_0=0100$，此时整个计数器十位、个位异步同时清零，完成一轮循环计数。连接示意图如图 5-23 所示。输出状态从 0～23，故为二十四进制。

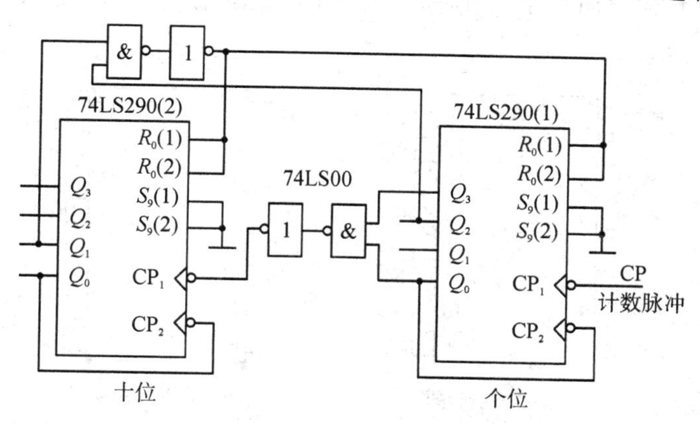

图 5-23　例 5-6 连接示意图

5.3　寄　存　器

计算机需要把数据、运算的中间结果、指令等所有二进制代码暂时存放起来，完成这项功能需要依靠一个重要的部件，具有存放数码(一组二值代码)功能的逻辑电路称为寄存器(Register)。寄存器由触发器组成,每一级触发器存放 1 位二进制代码, N 级触发器能够存放 N 位二进制代码。

寄存器分为数码寄存器和移位寄存器两种。数码寄存器也称为基本寄存器,只能用于存放二进制代码;移位寄存器不仅可以存放代码,还可以进行数据的串、并变换。

5.3.1 数码寄存器

数码寄存器的逻辑功能包括:接收数码、保存数码、输出数码。由 4 位 D 触发器组成的数码寄存器如图 5-24 所示。

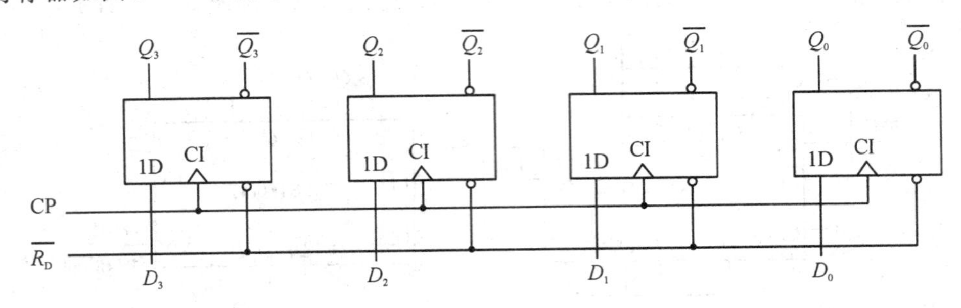

图 5-24　数码寄存器逻辑图

由图 5-24 可以看出: $\overline{R}_D$ 为清零端,用于清除触发器原有的数据; $D_3D_2D_1D_0$ 为数据输入端, $Q_3Q_2Q_1Q_0$ 为数据输出端。CP 的上升沿到来后, $Q_3Q_2Q_1Q_0 = D_3D_2D_1D_0$,将数据 $D_3D_2D_1D_0$ 保存在触发器的输出端,一直到需要保存新的数据为止。

由图还可以看出,数据在同一个 CP 的控制下存入寄存器,输出也是同时产生的,所以称为并行输入、并行输出。

集成寄存器 74LS175、CC4076 的引脚图如图 5-25 所示。图(a)为 TTL 数码寄存器 74LS175 引脚图,功能表如表 5-9 所示。图(b)为 CMOS 数码寄存器 CC4076 的引脚图,功能表如表 5-10 所示。

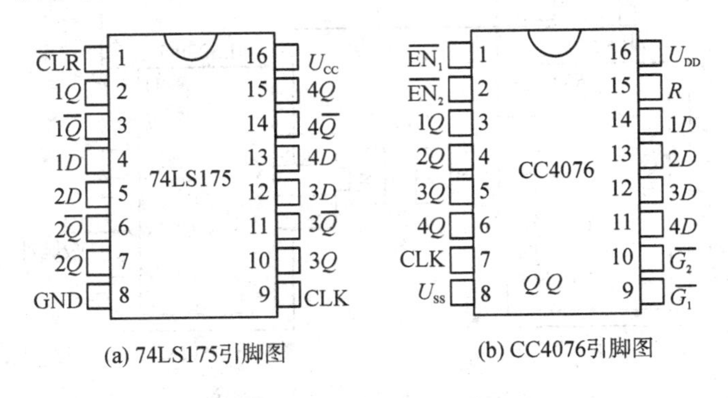

图 5-25　集成寄存器引脚图

在图 5-25(a)中,4D、3D、2D、1D 为数码输入端;4Q、3Q、2Q、1Q 和 4 个 $\overline{Q}$ 端为数码输出端,数码可以从 Q 端输出,也可以从 4 个 $\overline{Q}$(反相)输出; $\overline{\text{CLR}}$ 为异步清零端,低电平有效;CLK 为时钟输入端,上升沿有效。

由表 5-9 可以看出,CLK 的上升沿存入数据。输出端的状态与 D 端的状态一致。

表 5 - 9　74LS175 功能表

输　入			输　出
$\overline{CLR}$	CLK	D	Q^{n+1}
0	×	×	0
1	↑	1	1
1	↑	0	0
1	0	×	Q^n

在图 5 - 25(b)中，$4D$、$3D$、$2D$、$1D$ 为数码输入端；$4Q$、$3Q$、$2Q$、$1Q$ 为数码输出端；R 为异步清零端，高电平有效；CLK 为时钟输入端，上升沿有效；触发器对数码的接收由 $\overline{G_1}$、$\overline{G_2}$ 端控制，当此两输入端为低电平时，在下一个时钟上升沿 D 输入端的数据分别存入触发器；$\overline{EN_1}$、$\overline{EN_2}$ 为输出使能(三态)控制端，低电平有效允许输出，即$\overline{EN_1}$、$\overline{EN_2}$ 两输入端均为低电平时，负载在输出端可获得正常的逻辑电平，若其中有一个为高电平，则输出呈现高阻状态，所以为三态输出的数码寄存器。

表 5 - 10　CC4076 功能表

输　入							输　出
R	CLK	$\overline{G_1}$	$\overline{G_2}$	$\overline{EN_1}$	$\overline{EN_2}$	D	Q^{n+1}
1	×	×	×	0	×	×	0
0	↑	0	0	0	0	1	1
0	↑	0	0	0	0	0	0
×	×	×	×	1	×	×	高阻
×	×	×	×	×	1	×	

由表 5 - 10 可以看出，要存入数据时 R、$\overline{G_1}$、$\overline{G_2}$、$\overline{EN_1}$、$\overline{EN_2}$ 都要接低电平，CLK 的上升沿存入数据，输出端的状态与 D 端的状态一致。

5.3.2　移位寄存器

移位寄存器除了具有存放数码的功能以外，还具有移位的功能，即寄存器里的数码可以在移位脉冲(CP)的作用下依次移动。移位寄存器分为单向移位寄存器和双向移位寄存器两种。输入、输出方式也可以分为串行输入、并行输入、串行输出、并行输出 4 种。

移位寄存器的逻辑功能为：存放数码，二进制数的串/并、并/串变换等。

1. 单向移位寄存器

单向移位寄存器又可以分为左向移位寄存器、右向移位寄存器两种。图 5 - 26 是由 4

位维持阻塞D触发器构成的左向移位寄存器的逻辑图。

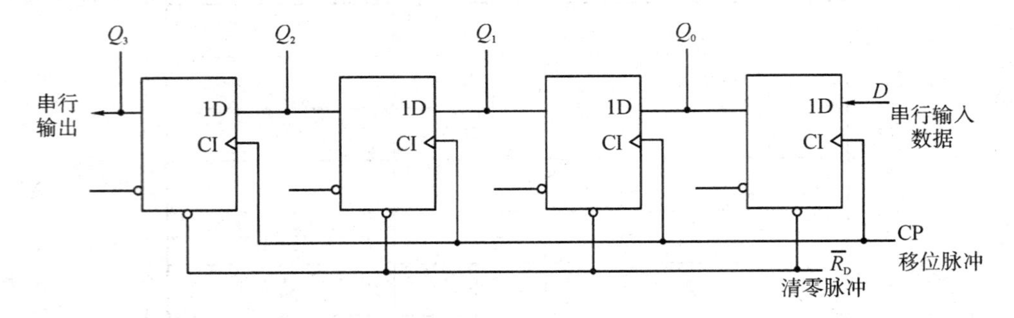

图 5-26　D触发器构成的4位左向移位寄存器

图 5-26 中，Q_3 为最高位，Q_0 为最低位。低位触发器的输出端接到相邻高位的输入端，被移动的数据从最低位触发器的 D 端送入依次前移。这种依次输入的方式称为串行输入。

下面以输入数据 $d_3d_2d_1d_0=1011$ 为例，说明数据移入寄存器的过程。发送 CP 脉冲之前，在 $\overline{R}_D$ 端加“0”，使 $Q_3Q_2Q_1Q_0=0000$。第一个 CP 脉冲的上升沿到来之前，$D_0=1$，$D_1=D_2=D_3=0$，第一个 CP 脉冲的上升沿到来后，$Q_3Q_2Q_1Q_0=0001$；第二个 CP 脉冲的上升沿到来之前：$D_0=0$，$D_1=1$，$D_2=D_3=0$，第二个 CP 脉冲的上升沿到来后，$Q_3Q_2Q_1Q_0=0010$；第三个 CP 脉冲的上升沿到来之前：$D_0=1$，$D_1=0$，$D_2=1$，$D_3=0$，第三个 CP 脉冲的上升沿到来后，$Q_3Q_2Q_1Q_0=0101$；第四个 CP 脉冲的上升沿到来之前：$D_0=1$，$D_1=1$，$D_2=0$，$D_3=1$，第四个 CP 脉冲的上升沿到来后，$Q_3Q_2Q_1Q_0=1011$。4 个 CP 过后，数据被移入寄存器中。

数码在寄存器中移动的情况见表 5-11。

表 5-11　移位寄存器数据移动表

CP 个数	寄存器状态				输入数据 D
	Q_3	Q_2	Q_1	Q_0	$d_3d_2d_1d_0=1011$
0	0	0	0	0	1(左移)
1	0	0	0	1	0(左移)
2	0	0	1	0	1(左移)
3	0	1	0	1	1(左移)
4	1	0	1	1	

还可以再送入 4 个 CP 脉冲，从 Q_3 端按照 $Q_3Q_2Q_1Q_0$ 的顺序依次输出，称为串行输出。如果数据从 $Q_3Q_2Q_1Q_0$ 输出则称为并行输出，所以移位寄存器除了存放数据以外还可以实现数据的串/并转换。移位寄存器的时序图如图 5-27 所示。

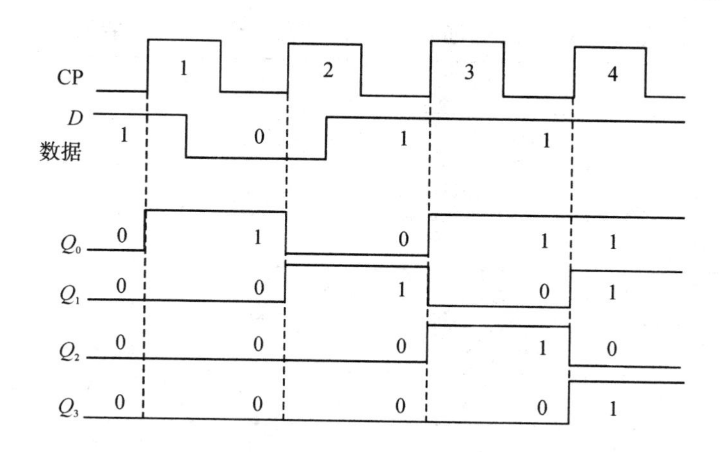

图 5-27　左移寄存器时序图

若把整个移位寄存器所存的信息看做一个二进制数，则左移一位时的功能是将其内容乘以 2，再最低位加上串行输入值 d。

单向移位寄存器还有右向移位寄存器，和左向移位寄存器所不同的是，高位的输出接到低位是输入，数据从最高位的输入端送入(先送 d_0)，依次移入，串行输出取自最低位触发器的输出端。

2. 双向移位寄存器

将左向移位寄存器和右向移位寄存器组合起来，并增加一些控制端，就构成既可以左移又可以右移的双向移位寄存器。4 位通用移位寄存器 74LS194 引脚图如图 5-28 所示，其功能表如表 5-12 所示。CLK 为时钟输入端，$\overline{\mathrm{CLR}}$为清除端(低电平有效)，$D_0 \sim D_3$ 为并行数据输入端，DSL 为左移串行数据输入端，$Q_0 \sim Q_3$ 为输出端，DSR 为右移串行数据输入端，S_0、S_1 为工作方式控制端。

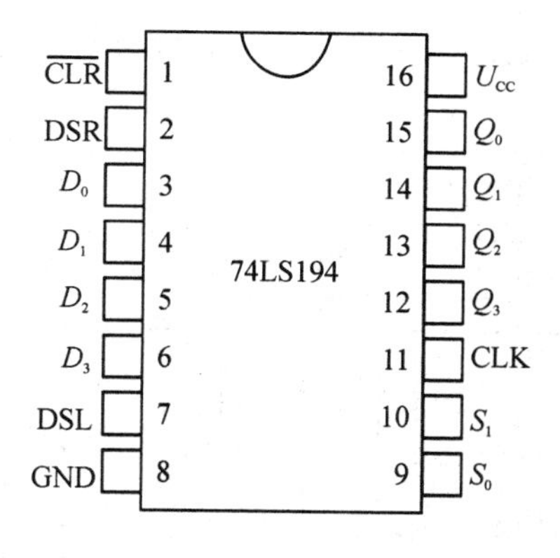

图 5-28　通用移位寄存器 74LS194 引脚图

由表 5-12 可知，当清除端($\overline{\mathrm{CLR}}$)为低电平时，输出端($Q_0 \sim Q_3$)均为低电平。本表采用 L 表示低电平，H 表示高电平。

表 5-12　四位通用移位寄存器 74LS194 功能表

输入										输出			
清零	方式		时钟	串行		并行				Q_0^{n+1}	Q_1^{n+1}	Q_2^{n+1}	Q_3^{n+1}
$\overline{\text{CLR}}$	S_1	S_0	CLK	DSL	DSR	D_0	D_1	D_2	D_3				
L	×	×	×	×	×	×	×	×	×	L	L	L	L
H	×	×	L	×	×	×	×	×	×	Q_0^n	Q_1^n	Q_2^n	Q_3^n
H	L	L	×	×	×	×	×	×	×	Q_0^n	Q_1^n	Q_2^n	Q_3^n
H	L	H	↑	×	H	×	×	×	×	H	Q_0^n	Q_1^n	Q_2^n
H	L	H	↑	×	L	×	×	×	×	L	Q_0^n	Q_1^n	Q_2^n
H	H	L	↑	H	×	×	×	×	×	Q_1^n	Q_2^n	Q_3^n	H
H	H	L	↑	L	×	×	×	×	×	Q_1^n	Q_2^n	Q_3^n	L
H	H	H	↑	×	×	d_0	d_1	d_2	d_3	d_0	d_1	d_2	d_3

当工作方式控制端 S_1 和 S_0 均为低电平时，CLK 被禁止。输出端状态不变，即保持。当 S_1 为低电平时 S_0 为高电平，在 CLK 上升沿的作用下进行右移操作，数据由 DSR 送入。当 S_1 为高电平时 S_0 为低电平，在 CLK 上升沿的作用下进行左操作，数据由 DSL 送入。当 S_1、S_0 均为高电平时，在时钟 CLK 上升沿的作用下，并行数据($d_0d_1d_2d_3$)被送入相应的输出端($Q_0Q_1Q_2Q_3$)。此时串行数据(DSR、DSL)被禁止。

【例 5-7】 用两片 74LS194 接成 8 位双向移位寄存器。

解　将第 1 片的 DSL 接第 2 片的 Q_0 端，第 2 片的 DSR 接第 1 片的 Q_3 端，同时将两片的 S_0、S_1、CLK、$\overline{\text{CLR}}$分别并联，连接电路如图 5-29 所示。

S_1、S_0 为控制端：$S_1S_0=00$ 时输出端状态保持，$S_1S_0=01$ 时数据右移，$S_1S_0=10$ 时数据左移，$S_1S_0=11$ 时数据($d_0d_1d_2d_3$)并行输入→并行输出($Q_0Q_1Q_2Q_3$)。

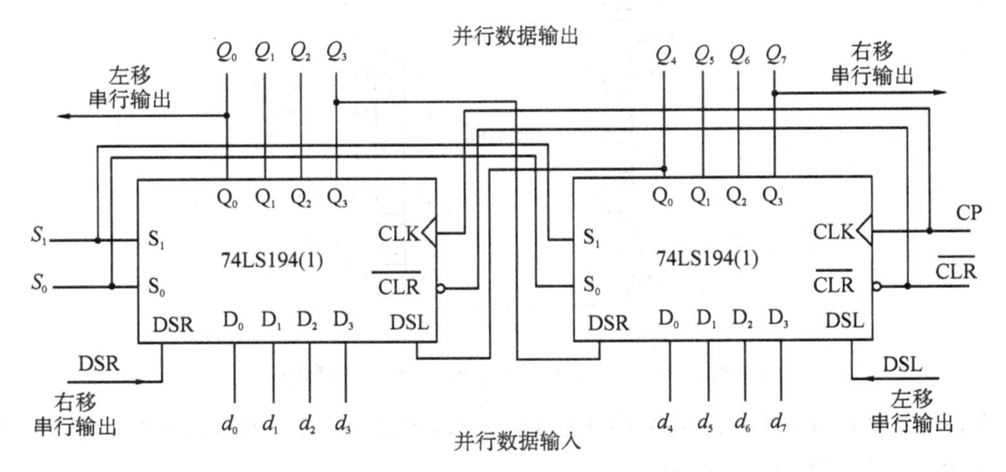

图 5-29　用两片 74LS194 接成八位双向移位寄存器

5.4　实验：时序逻辑电路的实践应用

5.4.1　用D触发器构成异步4位二进制加法计数器

1. 实验目的

(1) 熟悉D触发器的基本应用。

(2) 掌握利用D触发器完成异步计数器电路的方法。

2. 实验仪器

(1) 数字电路实验箱、万用表、导线若干。

(2) 集成器件上升沿触发双D触发器74LS74两片。

3. 实验内容

1) 熟悉实验设备及器件

(1) 熟悉数字电路实验箱的结构及使用方法。特别是电源开关、逻辑电平(高电平、低电平)开关、发光二极管显示和七段数码管显示部分等。

(2) 熟悉芯片引脚排列，本实验中使用的TTL集成门电路是双列直插型集成电路，如图5-30所示。

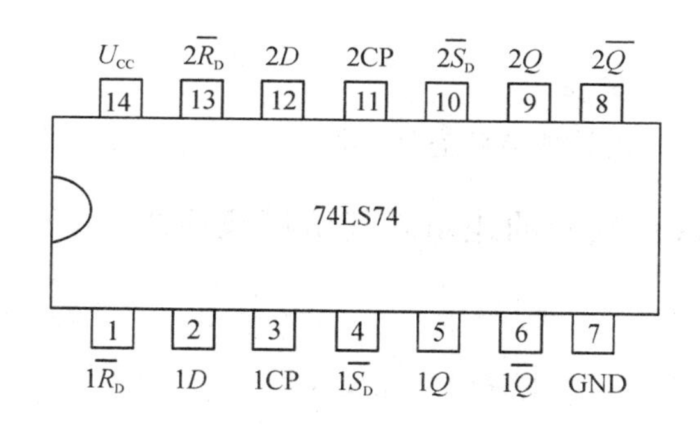

图5-30　74LS74管脚图

2) 计数器电路功能测试

按图5-31所示电路连线，置位端$\overline{S}_D$接电平开关并置高电平(无效状态)，复位端$\overline{R}_D$

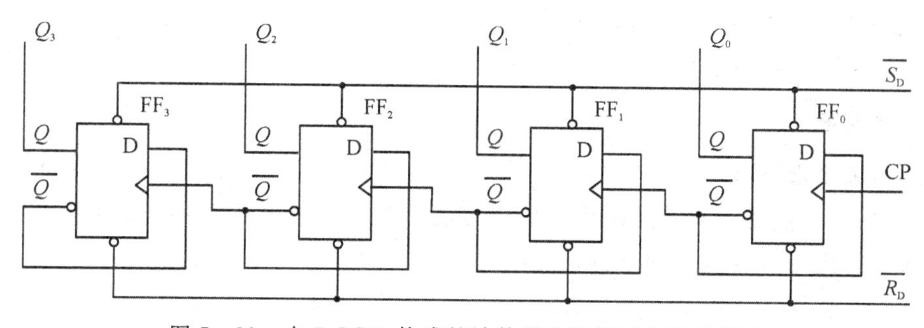

图5-31　由74LS74构成的计数器功能测试电路接线图

接电平开关并置低电平(有效状态)，使计数器从 0 开始计数，而后把 $\overline{R}_D$ 开关置高电平(无效状态)，计数脉冲 CP 接实验箱单脉冲源，输出端 Q 接电平指示灯(或接七段数码管)。将测出输出端的逻辑状态填入表 5-13 中。

表 5-13　计数器功能测试记录表

CP 个数	Q_3	Q_2	Q_1	Q_0	十六进制数显示	CP 个数	Q_3	Q_2	Q_1	Q_0	十六进制数显示
0	0	0	0	0		9					
1						10					
2						11					
3						12					
4						13					
5						14					
6						15					
7						16					
8						17					

4. 实验报告要求

(1) 填写并整理测试结果。

(2) 根据测试结果，画出计数器状态转换图。

5.4.2　74LS160 集成计数器的逻辑功能测试及应用

1. 实验目的

(1) 熟悉 74LS160 集成芯片的逻辑功能及应用。

(2) 掌握利用 74LS160 集成芯片完成异步计数器电路的方法。

2. 实验仪器

(1) 数字电路实验箱、万用表、导线若干。

(2) 集成器件 74LS160 计数器 2 片。

(3) 74LS00 与非门 1 片。

3. 实验内容

1) 熟悉实验设备及器件

(1) 熟悉数字电路实验箱的结构及使用方法。特别是电源开关、逻辑电平(高电平、低电平)开关、发光二极管显示部分等。

（2）熟悉芯片引脚排列，本实验中使用的 TTL 集成门电路是双列直插型集成电路，如图 5 - 32 所示。

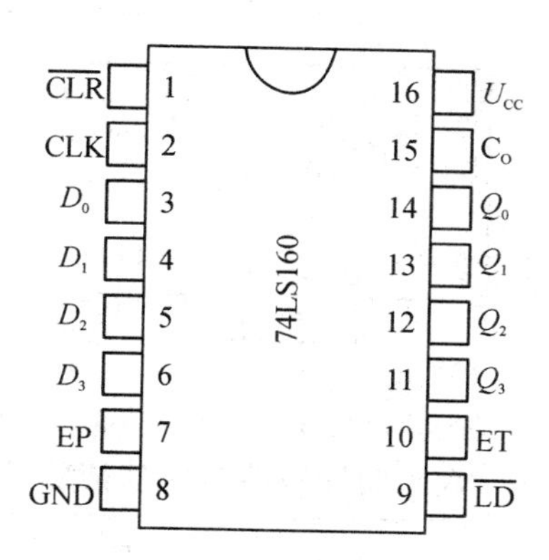

图 5 - 32　74LS160 管脚图

2）计数器电路功能测试

对芯片各引脚排列连线，输入端接逻辑电平开关，计数脉冲 CP 接实验箱单脉冲源，输出端 Q 接逻辑电平指示灯。将测出输出端的逻辑状态填入表 5 - 14 中。

表 5 - 14　同步十进制加法计数器 74LS160 功能测试记录表

输入									输出				工作状态
清零	预置	状态控制		时钟	并行数据								
$\overline{CLR}$	$\overline{LD}$	EP	ET	CP	D_3	D_2	D_1	D_0	Q_3	Q_2	Q_1	Q_0	
0	0	1	1	×	1	1	1	1					
1	0	1	1	↑	1	1	1	1					
1	0	1	1	↑	0	0	0	0					
1	1	1	1	↑	0	0	0	0					
1	1	1	1	↑	1	1	1	1					
1	1	0	1	↑	1	1	1	1					
1	1	1	0	↑	1	1	1	1					

3）计数器 74LS160 的应用

（1）同步置数法构成六进制计数器电路。

按图 5 - 33 所示电路连线，输入端接逻辑电平开关并按图中的数字置位，计数脉冲 CP 接实验箱单脉冲源，输出端 Q 接电平指示灯。将测出输出端的逻辑状态填入表 5 - 15中。

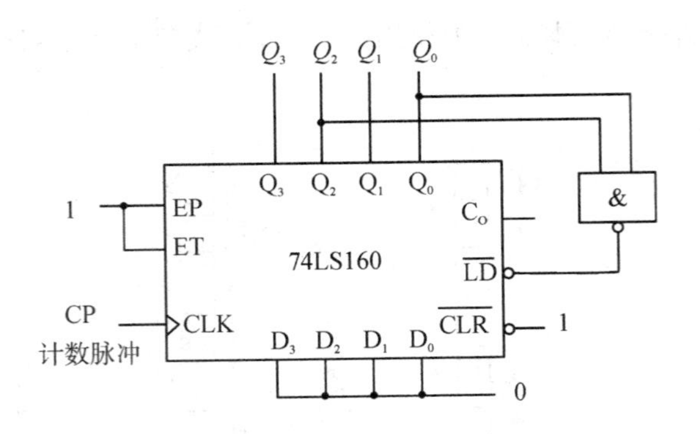

图 5-33　由 74LS160 构成的计数器功能测试电路接线图

表 5-15　六进制计数器电路功能测试记录表

输　入	输　出			
CP 个数	Q_3	Q_2	Q_1	Q_0
0	0	0	0	0
1				
2				
3				
4				
5				
6				
7				

(2) 用 2 片 74LS160 构成六十进制计数器电路。

按图 5-34 所示电路连线，输入端接逻辑电平开关并按图中的数字置位，计数脉冲 CP 接实验箱单脉冲源，输出端 Q 接电平指示灯(或接七段数码管显示)。首先用清零端将计数器输出 Q 端清零，从 0 开始计数，将测出输出端的逻辑状态填入表 5-16 中。

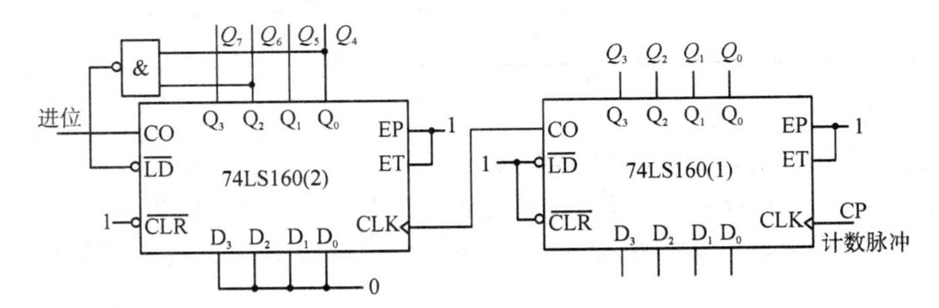

图 5-34　六十进制计数器功能测试电路接线图

表 5－16　六十进制计数器电路功能测试记录表

输　入	输　出							
CP 个数	Q_7	Q_6	Q_5	Q_4	Q_3	Q_2	Q_1	Q_0
0	0	0	0	0	0	0	0	0
1								
2								
⋮								
28								
29								
30								
31								
32								
⋮								
58								
59								

4. 实验报告要求

(1) 填写并整理测试结果。

(2) 根据测试结果，画出计数器状态转换图。

本章小结

(1) 在时序逻辑电路中，任一时刻的输出信号不仅和当时的输入信号有关，而且还与电路原来的状态有关，这就是时序电路在逻辑功能上的特点。因此，任意时刻下时序电路的状态和输出均可以表示为输入变量和电路原来状态的逻辑函数。

(2) 通常用于描述时序电路逻辑功能的方法有方程组(由状态方程、驱动方程和输出方程组成)、状态转换表、状态转换图和时序图等几种。它们各有特色，在不同场合各有应用。其中方程组是和具体电路结构直接对应的一种表示方式。在分析时序电路时，一般首先是从电路图写出方程组；在设计电路时，也是从方程组才能最后画出逻辑图。状态转换表和状态转换图的特点是给出了电路工作的全部过程，能使电路的逻辑功能一目了然，这也正是在得到了方程组以后往往还要画出状态转换图或列出状态转换表的原因。时序图表示方法便于进行波形观察，因而在实验室调试当中经常使用。

(3) 本章重点介绍了几种常见的寄存器、计数器芯片引脚图和功能表。目的是学会集成电路的读图、读功能表，只有正确地读图、读表，才能正确、灵活地使用集成电路，从而开发出新的产品。

(4) 寄存器是能够暂时存放数据的时序逻辑电路；计数器是时序逻辑电路之一，可以用于计数、分频、定时和产生顺序脉冲等。

思考题与习题

5-1　组合逻辑电路和时序逻辑电路在逻辑功能与电路结构上有何区别？

5-2　时序电路是否必须包含组合电路？是否必须包含存储电路？

5-3　同步时序电路和异步时序电路有何不同？

5-4　时序电路逻辑功能的描述方式有哪几种？

5-5　计数器的同步置零和异步置零方式有何不同？

5-6　二进制计数器有哪些用途？

5-7　分析图中同步时序电路的逻辑功能，写出电路的驱动方程、状态方程和输出方程，设触发器的初始状态为0，画出电路的时序图和状态转换图。

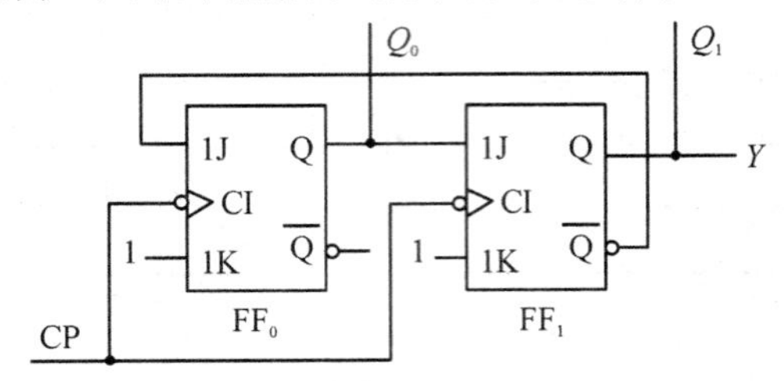

题5-7图

5-8　分析图中异步时序电路的逻辑功能，写出电路的时钟方程、驱动方程、状态方程和输出方程，画出电路的时序图和状态转换图。

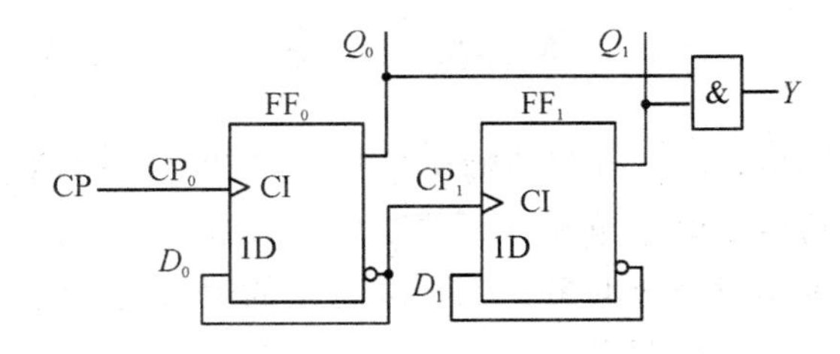

题5-8图

5-9　电路如图所示，简述EP、ET、C_O、$\overline{LD}$和$\overline{R_D}$端的功能，分析电路的逻辑功能，画出状态转换图。

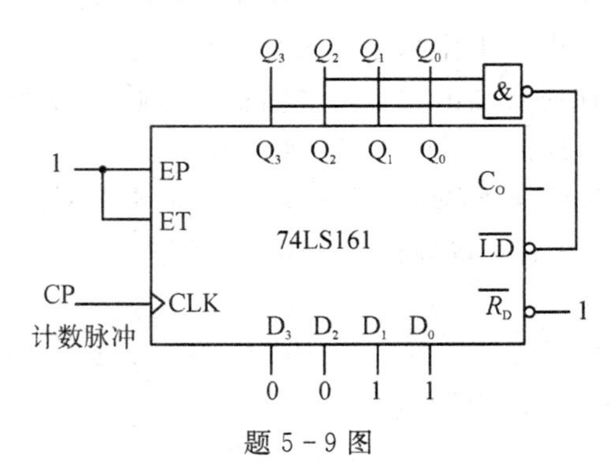

题5-9图

5-10　电路如图所示，分析电路的逻辑功能。

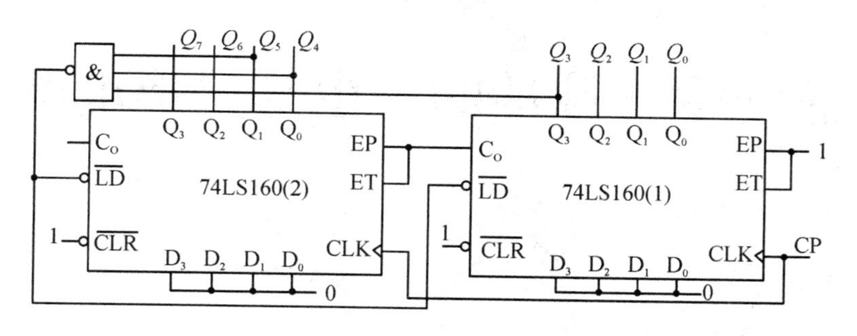

题 5-10 图

5-11　试用十进制集成计数器 74LS160 芯片接成八进制计数器，可附加必要的门电路，画出逻辑电路图和状态转换图。

第 6 章　脉冲的产生与整形电路

知识重点

- 施密特触发器电路的特点及其应用
- 单稳态触发器电路的特点及其应用
- 多谐振荡器电路的特点及其应用
- 555 定时器的典型应用

知识难点

- 施密特触发器、单稳态触发器、多谐振荡器的电路工作原理
- 555 定时器的内部结构与功能

6.1　概　　述

本章主要讨论脉冲整形及产生脉冲信号的基本单元电路，如施密特触发器、单稳态触发器、多谐振荡器及其相关的应用电路。

脉冲信号广泛存在于数字电路或系统中，脉冲信号可以用来表示信息，也可以用来作为载波，比如计数器的计数脉冲、脉冲调制中的脉冲编码调制(PCM)与脉冲宽度调制(PWM)等。所谓脉冲信号，狭义上讲，是指物理量的变化在时间上和数值上都是不连续的信号；广义上讲，凡是不具有正弦波形状的信号，几乎都可以统称为脉冲信号，如矩形波、方波、锯齿波和尖顶波等都属于脉冲信号。最常见的脉冲电压波形是矩形波和方波。

为了定量描述矩形脉冲的特性，通常给出如图 6－1 所标注的几个参数。

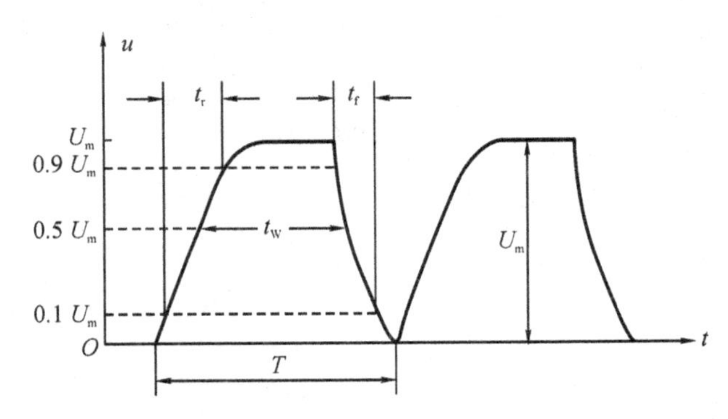

图 6－1　描述矩形脉冲特性的主要参数

脉冲周期 T：周期性重复的脉冲序列中，两个相邻脉冲之间的时间间隔。有时也使用频率 $f=\frac{1}{T}$表示单位时间内脉冲重复的次数。

脉冲幅度 U_m：脉冲电压的最大变化幅度。

脉冲宽度 t_W：从脉冲前沿到达 $0.5U_m$ 起，到脉冲后沿到达 $0.5U_m$ 为止的一段时间。

上升时间 t_r：脉冲上升沿从 $0.1U_m$ 上升到 $0.9U_m$ 的所需要的时间。

下降时间 t_f：脉冲下降沿从 $0.9U_m$ 下降到 $0.1U_m$ 的所需要的时间。

占空比 q：脉冲宽度与脉冲周期的比值，亦即 $q=\frac{t_W}{T}$。

6.2　门电路构成的脉冲产生与整形电路

在数字系统中，数字信号的载体就是某种脉冲，因此需要各种不同频率、有一定宽度和幅度的脉冲信号，如时钟信号(CP)、控制过程中的定时信号等。

获得这些脉冲的方法通常有两种：一种方法是利用脉冲信号产生电路直接产生所要求的脉冲信号，如多谐振荡器；另一种方法是对已有的非脉冲信号用整形电路变换成脉冲，使之满足系统的要求，如单稳态触发器、施密特触发器等。

按照具有的稳定状态，脉冲单元电路可以分为双稳态(如施密特触发器)、单稳态触发器和无稳态(多谐振荡器)三种。下面对这些电路进行简单介绍。

6.2.1　施密特触发器

门电路有一个阈值电压 U_{TH}(输入转换电平)，当输入电压从低电平上升到阈值电压或从高电平下降到阈值电压时电路的输出状态将发生变化。

施密特触发器是一种特殊的门电路，它在性能上有两个重要特点：

第一，施密特触发器有两个阈值电压(输入转换电平)，分别称为正向阈值电压和负向阈值电压。输入信号从低电平上升的过程中使输出状态发生变化的输入电压称为正向阈值电压，用 U_{T+} 表示；输入信号从高电平下降的过程中使输出状态发生变化的输入电压称为负向阈值电压，用 U_{T-} 表示。正向阈值电压与负向阈值电压之差称为回差，用 ΔU_T 表示。

第二，在电路状态转换时，电路内部的正反馈过程使输出电压波形的边沿变得很陡。

利用这两个特点不仅能将边沿变化缓慢的信号波形整形为边沿陡峭的矩形波，而且可以有效清除叠加在矩形脉冲高、低电平上的噪声，提高电路的抗干扰能力。

1. 门电路组成的施密特触发器

1) 电路组成

将两级 CMOS 反相器串接起来，同时通过两个电阻分压将输出端的电压反馈到输入端，就构成了施密特触发器，如图 6-2(a)所示。图(b)为施密特触发器的图形符号(上图为同相施密特触发器的图形符号，下图为反相施密特触发器的图形符号)。

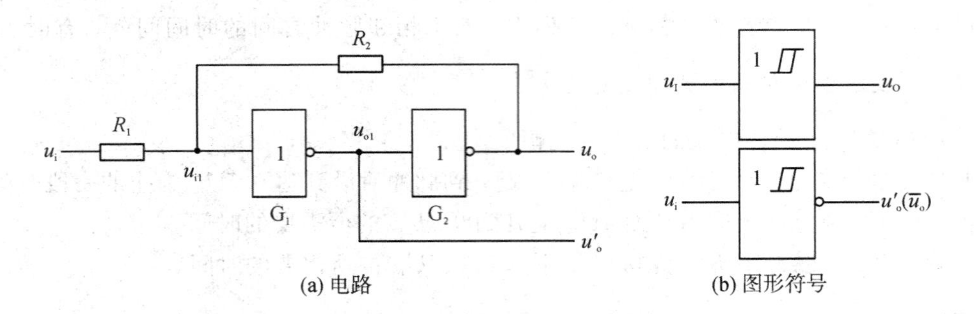

图 6-2　CMOS 反相器组成的施密特触发器

2）工作原理

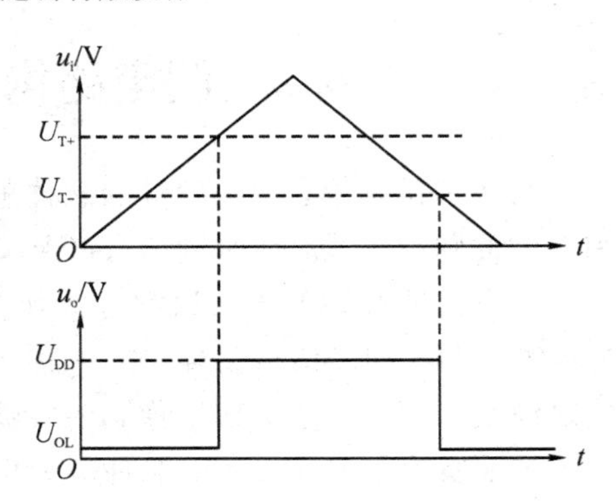

图 6-3　同相施密特触发器工作波

设 CMOS 反相器的阈值电压为 $U_{TH}=\dfrac{1}{2}U_{DD}$，输入电压 u_i 为图 6-3 所示的三角波。由图 6-2 所示的电路可知：G_1 的输入电平 u_{i1} 决定着电路的状态，因为 CMOS 管的输入电阻很高，所以 G_1 的输入端可以近似地看成开路，根据叠加定理有：

$$u_{i1}=\frac{R_2}{R_1+R_2}u_i+\frac{R_1}{R_1+R_2}u_o \tag{6-1}$$

（1）第一阶段。

当 $u_i=0$ V 时，G_1 截止，输出高电平；G_2 导通，输出低电平，即 $u_o=U_{OL}\approx 0$ V。电路处于第一阶段。随着 u_i 上升，u_{i1} 也上升，只要 $u_{i1}<U_{TH}$，电路仍处于第一阶段。

（2）翻转到第二阶段。

当 u_i 上升至 $u_{i1}=U_{TH}$ 时，电路产生如下正反馈过程：

$$u_i\uparrow\longrightarrow u_{i1}\uparrow\longrightarrow u_{o1}\downarrow\longrightarrow u_o\uparrow$$

正反馈的结果，迅速使 G_1 导通，输出低电平；G_2 截止，输出高电平，即 $u_o=U_{OH}\approx U_{DD}$。电路翻转至第二阶段。此时 u_i 的值称为正向阈值电压，用 U_{T+} 表示。

由式(6-1)可求得 U_{T+} 与 CMOS 非门的阈值电压 U_{TH} 的关系(因为此时电路状态即将发生变化而又尚未发生变化，所以 u_o 仍然为 0)：

$$u_{i1}=U_{TH}\approx\frac{R_2}{R_1+R_2}U_{T+}$$

即正向阈值电压为

$$U_{T+}\approx\left(1+\frac{R_1}{R_2}\right)\cdot U_{TH} \tag{6-2}$$

u_i 上升至最大值，u_o 保持高电平。然后 u_i 开始下降，只要 $u_{i1}>U_{TH}$，电路就处于第二阶段。

(3) 返回第一阶段。

当 u_i 下降至 $u_{i1}=U_{TH}$ 时，电路产生如下正反馈过程：

$$u_i \downarrow \longrightarrow u_{i1} \downarrow \longrightarrow u_{o1} \uparrow \longrightarrow u_o \downarrow$$

正反馈的结果，使 G_1 迅速截止，输出高电平；G_2 导通，输出低电平，即 $u_o=U_{OL}\approx 0$ V。电路由第二阶段返回第一阶段。此时 u_i 的值称为负向阈值电压，用 U_{T-} 表示。

由式(6－1)可求得 U_{T-} 与 CMOS 非门的阈值电压 U_{TH} 的关系为

$$u_{i1}=U_{TH}\approx\frac{R_2}{R_1+R_2}U_{T-}+\frac{R_1}{R_1+R_2}U_{DD}$$

即

$$U_{T-}\approx\left(1+\frac{R_1}{R_2}\right)U_{TH}-\frac{R_1}{R_2}U_{DD}$$

将 $U_{DD}=2U_{TH}$ 代入可得负向阈值电压为

$$U_{T-}\approx\left(1-\frac{R_1}{R_2}\right)U_{TH} \tag{6-3}$$

只要满足 $u_{i1}<U_{TH}$，电路就维持第一阶段不变。

3) 回差特性

施密特触发器由第一阶段翻转到第二阶段的正向阈值电压 U_{T+} 与第二阶段返回至第一阶段的负向阈值电压 U_{T-} 是不同的，故形成了回差。回差电压为

$$\Delta U_T=U_{T+}-U_{T-}=2\frac{R_1}{R_2}U_{TH}=\frac{R_1}{R_2}U_{DD} \tag{6-4}$$

式(6－4)表明，电路的回差电压与 R_1/R_2 成正比，改变 R_1、R_2 的比值即可调节回差电压的大小。回差是施密特触发器的固有特性。

同相施密特触发器的电压传输特性如图 6－4 所示。

由图 6－4 可以看出，输入信号上升，只有当 u_i 上升到 U_{T+} 时，输出才由低电平跳变到高电平；输入信号下降，只有当 u_i 下降到 U_{T-} 时，输出才由高电平跳变到低电平。

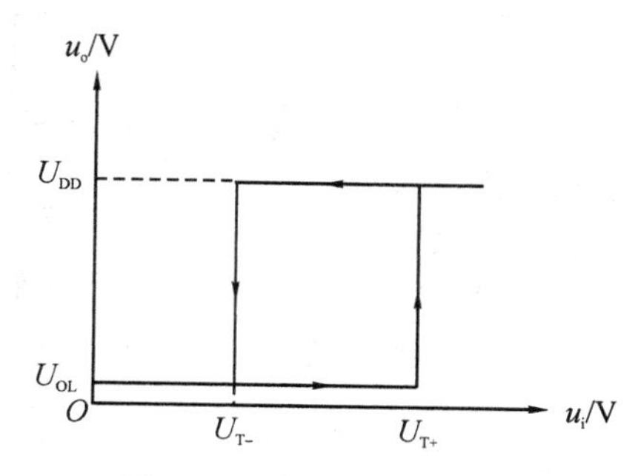

图 6－4　电压传输特性

2. 集成施密特触发器

集成施密特触发器具有性能一致性好、触发电平稳定、使用方便等特点，故应用广泛。集成施密特触发器主要有 CMOS 和 TTL 两大类；按其逻辑功能不同又可分为施密特反相器和施密特与非门。

CC40106 是 CMOS 六施密特反相器，其中有 6 个相同的施密特反相器，引脚排列如图 6－5 所示，逻辑功能同普通反相器，差异在于阈值电压不同。

74LS132 为 TTL 四 2 输入施密特与非门，即每片 74LS132 中有 4 个相同的具有 2 个输入端的与非门，引脚排列如图 6－6 所示，逻辑功能同普通与非门，差异在于阈值电压不相同。

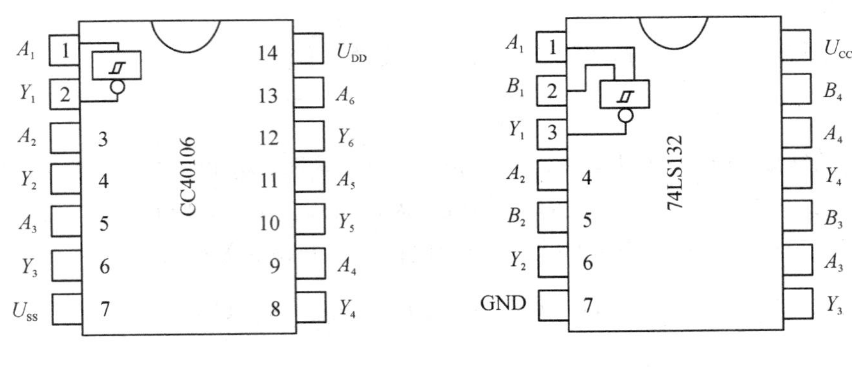

图 6-5　CC40106 引脚图　　　　图 6-6　74LS132 引脚图

3. 施密特触发器的应用

施密特触发器应用非常广泛，例如波形变换、脉冲的整形、脉冲的鉴幅等。下面是几个最常见的例子。

(1) 波形变换。利用反相施密特触发器，将非矩形波信号(如三角波、正弦波等)变换成矩形脉冲。如图 6-7 所示，将正弦波变换成矩形脉冲，输出脉冲宽度可以由回差 $\Delta U_T = U_{T+} - U_{T-}$ 调节。

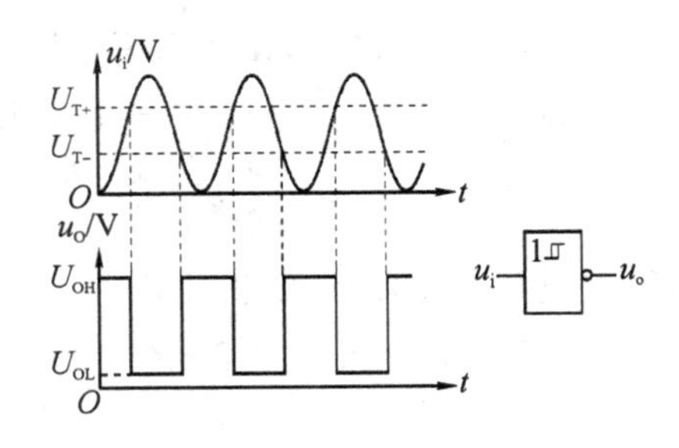

图 6-7　波形变换

(2) 脉冲的整形。利用反相施密特触发器，将不规则的输入信号整形成理想的矩形脉冲也是施密特触发器的重要应用，如图 6-8 所示。

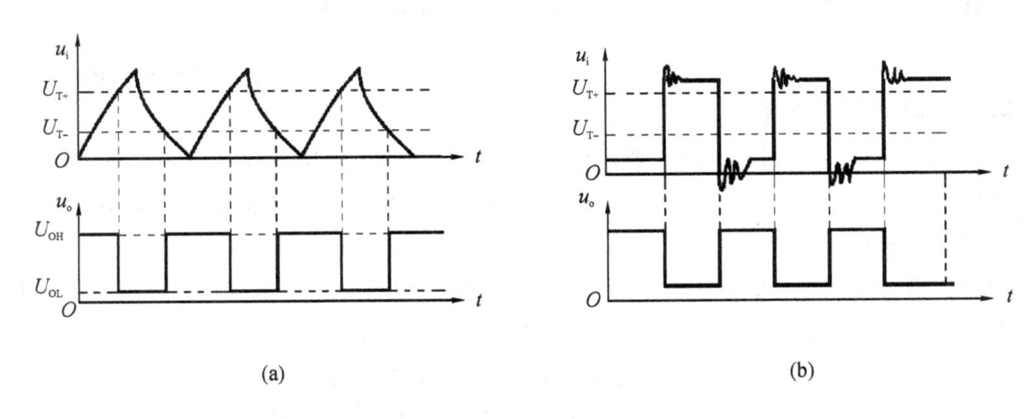

图 6-8　脉冲的整形

6.2.2　单稳态触发器

前面讲的施密特触发器有两个稳定的状态："0"状态和"1"状态，所以触发器又被称为双稳态电路。单稳态触发器只有一个稳定状态，要么是"0"状态，要么是"1"状态。单稳态触发器的工作特点如下：

(1) 没有受到外界触发脉冲作用的情况下，单稳态触发器保持在稳定状态(简称稳态)。

(2) 在外界触发脉冲的作用下，单稳态触发器翻转，进入"暂稳态"(此状态不能稳定存在，所以称为暂稳态)。假设稳态为"0"，则暂稳态为"1"；若稳态为"1"，则暂稳态为"0"。

(3) 暂稳态是不能长久保持的状态，经过一段时间，单稳态触发器从暂稳态自动返回稳态。单稳态触发器在暂态停留的时间与外加触发脉冲的宽度和幅度无关，仅取决于电路本身的参数 *RC*。

由于具备这些特点，单稳态触发器的应用多种多样，如整形、延时控制、定时顺序控制等。

单稳态触发器的暂稳态是通过 *RC* 电路的充、放电过程来维持的，*RC* 电路的接法有微分和积分两种形式，本书只讨论微分型单稳态触发器。

1. 微分型单稳态触发器

1) 电路组成

微分型单稳态触发器的基本电路通常由 CMOS 门电路及 *RC* 微分电路构成。由或非门构成的微分型单稳态触发器，如图 6-9 所示。或非门作为开关元件，*RC* 电路作为定时电路。

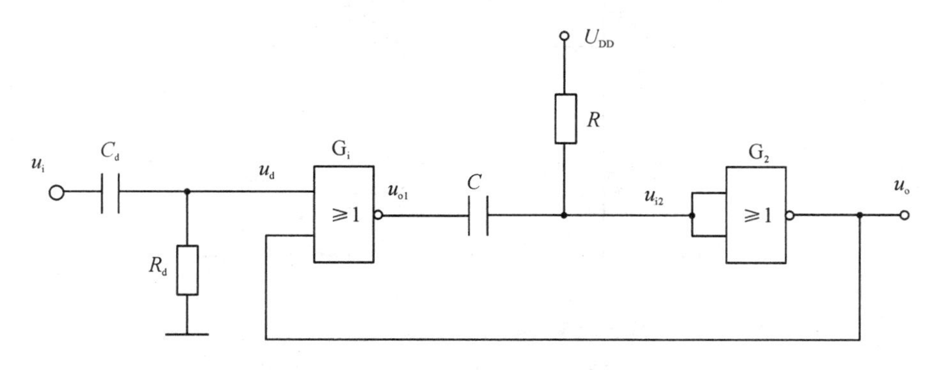

图 6-9　微分型单稳态触发器

2) 工作原理

如图 6-10 所示，因为 CMOS 门电路的输入电阻很高，所以输入端可以认为开路。电容 C_d 和电阻 R_d 构成一个时间常数很小的微分电路，它的作用是将较宽的矩形触发脉冲 u_i 变成尖脉冲 u_d。

(1) 没有触发信号，电路处于稳态。没有触发信号，u_i 为低电平。电源 U_{DD} 通过电阻 *R* 为 G_2 输入端加上高电平，G_2 输出为低电平，反馈到 G_1 的输入端。使 G_1 的两个输入端均为低电平，故输出 u_{o1} 为高电平，电容 *C* 两端的电压接近 0 V，这是电路的"稳态"，即该电路的稳态为"0"状态，或写成 $u_o=0$。

(2) 外加触发信号，电路由稳态翻转为暂稳态。触发脉冲到达时，u_i 大于 U_{TH}，u_d 也大于U_{TH}，在正反馈的作用下，u_{o1}迅速变成低电平，因为电容C两端的电压不能跳变，所以u_{i2}也变成低电平，使u_o变成高电平，电路进入暂稳态（"1"状态）。

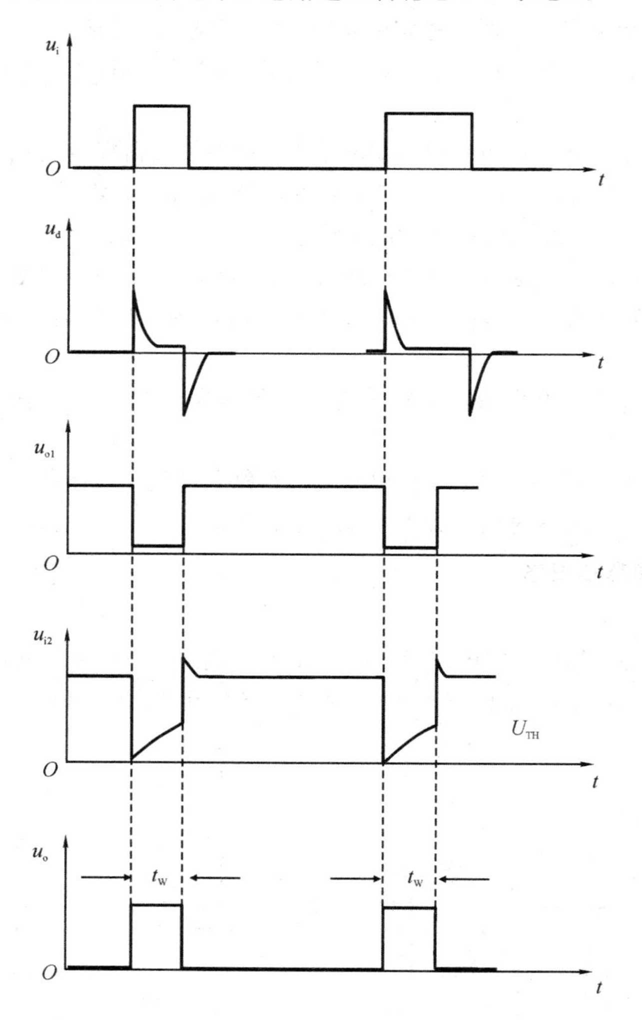

图 6-10　图 6-9 电路的电压波形

（3）自动返回到稳态。暂稳态期间，电路是不稳定的，电源U_{DD}要对电容C进行充电。随着电容充电过程的进行，电容C两端的电压逐渐上升，即u_{i2}上升，当u_{i2}上升到U_{TH}时，会引发正反馈，使u_o又迅速回到低电平，此时u_d已经回到了0（这是由电容C_d和电阻R_d构成的电路的RC时间常数决定的），电路退出暂态，返回到稳态。所以$u_{o1}=U_{DD}$，$u_o=0$。同时电容C通过G_1的输出电阻R_{ON}、电阻R和门G_2内部输入保护二极管电路（电阻很小）迅速向U_{DD}放电，直至电容上的电压为0，电路恢复到稳态。

3）电路参数计算

（1）输出脉冲宽度t_W。输出脉冲的宽度等于暂稳态持续时间，即电容C上电压u_C由0充电开始，到使u_{i2}上升到U_{TH}所需要的时间。

根据 RC 电路过渡过程公式可以推出输出脉冲宽度为

$$t_W = RC\ln 2 \approx 0.7RC \tag{6-5}$$

(2) 输出脉冲幅度 U_m。输出脉冲幅度 $U_m = U_{OH} - U_{OL} \approx U_{DD}$。

(3) 恢复时间 t_{re}。暂态结束后，还需要一段恢复时间，即让电容 C 所充的电荷释放完毕，使电路恢复到初始状态所需要的时间。一般要经过 3～5 个放电时间常数的时间，即 $t_{re} \approx (3\sim5)R_{ON}C$。

2. 集成单稳态触发器

由门电路构成的单稳态电路共同的缺点是：输出的脉宽稳定性差、调节范围很小、触发方式不够灵活等。

集成单稳态触发器，具有功能全、温度特性好、抗干扰能力强等优点，并且通过改变外接电阻和电容参数，就可方便调节脉冲宽度，它在数字电子系统中应用得非常广泛。

集成单稳态触发器根据电路及工作状态不同分为不可重复触发和可重复触发两种，如图 6－11 所示。

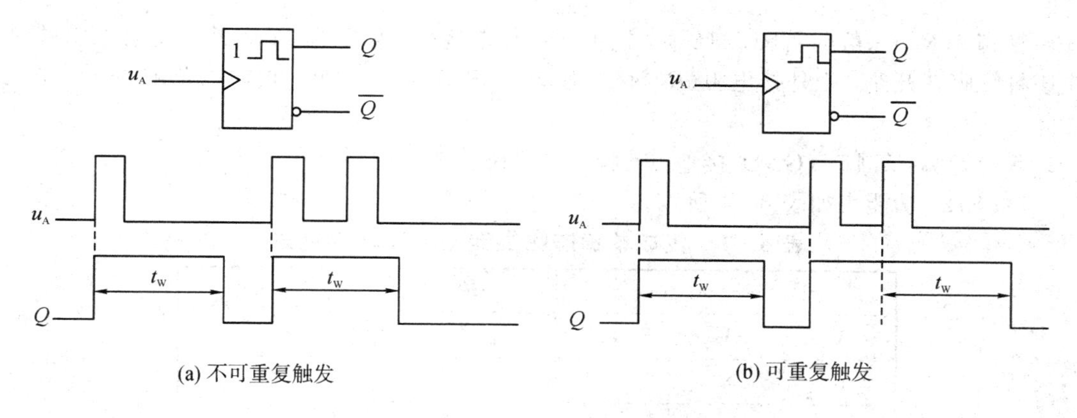

(a) 不可重复触发　(b) 可重复触发

图 6－11　单稳态触发器

图 6－11(a)是不可重复触发的单稳态电路图形符号及输入、输出电压波形，图形符号中的 1 表示只有待第一次触发引起的暂态过程结束后，才能实现第二次触发，即在暂稳态期间不受触发脉冲的影响，只有暂稳态过程结束触发信号才起作用。因而输出脉宽是稳定的。

图 6－11(b)是可重复触发的单稳态电路符号及输入、输出电压波形，该图形符号表明在第一次触发引起的暂态过程尚未结束前，若又有触发脉冲输入，则这次的触发脉冲也有效，输出脉冲将再持续 t_W 时间。因此，输出的脉宽是不固定的，视触发脉冲的间隔是否大于单稳电路预定输出脉宽而定。

常用的集成单稳态触发器有 TTL 型的 74LS121/221，高速 CMOS 型的 74HC123/221，CMOS 4000 型的 CC4098/4528 等。下面介绍常用的 74LS121 芯片。

74LS121 芯片是一种常用的不可重复触发的单稳态触发器，常用在各种数字电路和单片机系统的显示系统之中，74LS121 的输入采用了施密特触发输入结构，所以 74LS121 的抗干扰能力比较强。其引脚排列图和逻辑符号如图 6－12 所示。

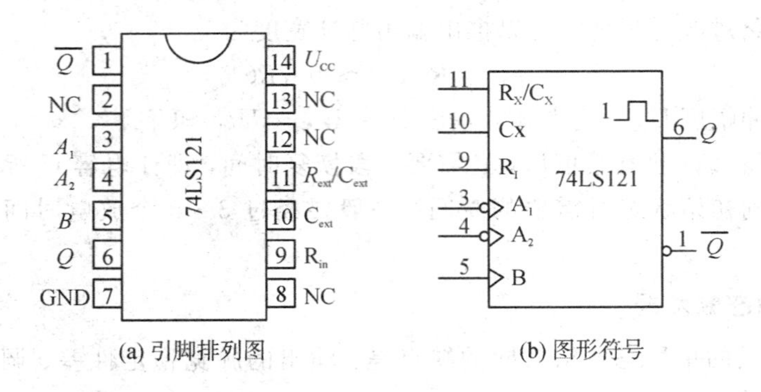

(a) 引脚排列图　(b) 图形符号

图 6－12　74LS121 引脚图与逻辑符号

管脚 3(A_1)、4(A_2)是负边沿触发的输入端；管脚 5(B)是正边沿同相施密特触发器的输入端，对于慢变化的边沿也有效。

管脚 10(C_{ext})和管脚 11(R_{ext}/C_{ext})接外部定时电容(C_X)，电容范围在 10 pF～10 μF 之间。

管脚 9(R_{in})一般与管脚 14(U_{CC}，接＋5 V)相连接；如果管脚 11 为外接定时电阻端时，应该将管脚 9 开路，把外接电阻(R_X)接在管脚 11 和管脚 14 之间，电阻的范围在 2～40 kΩ 之间。

其他管脚：管脚 7(GND)接地、管脚 2、8、12、13 为空脚。

74LS121 功能表如表 6－1 所示。

表 6－1　集成单稳态触发器 74LS121 功能表

输入			输出		功能
A_1	A_2	B	Q	$\overline{Q}$	
0	×	1	0	1	稳态
×	0	1	0	1	
×	×	0	0	1	
1	1	×	0	1	
1	↓	1	⎍	⊔	暂稳态
↓	1	1	⎍	⊔	
↓	↓	1	⎍	⊔	
0	×	↑	⎍	⊔	
×	0	↑	⎍	⊔	

注：×表示任意值(0、1)。

3. 单稳态触发器的应用

1）脉冲整形

单稳态触发器可以把不规则的输入信号 u_i 整形成为幅度和宽度都相同的标准矩形脉冲 u_o。其幅度取决于单稳态电路输出的高、低电平，宽度 t_W 取决于暂稳态的时间，如图 6－13所示。

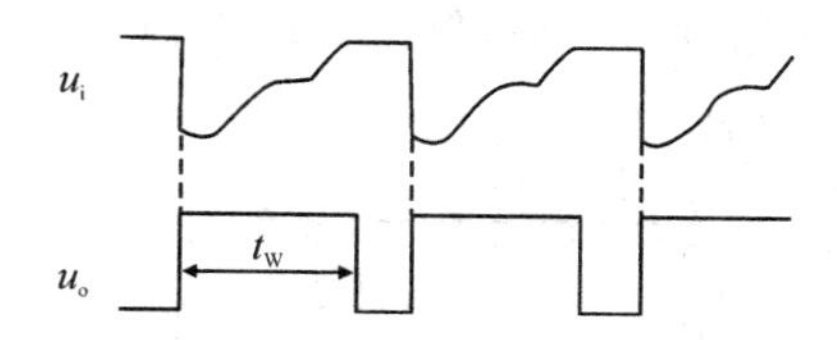

图 6 - 13　单稳态触发器对脉冲整形

2）延时与定时

单稳态触发器可用于定时和延时，如图 6 - 14 所示。

（1）延时。图 6 - 14 中，u_{o1} 的下降沿比 u_i 的下降沿滞后了时间 t_W，此时间可用于延时。

（2）定时。当 $u_{o1}=1$ 时，与门打开，$u_o = u_F$。当 $u_{o1}=0$ 时，与门关闭，u_o 为低电平。与门的打开时间就是单稳态输出脉冲 u_{o1} 的宽度 t_W，是恒定不变的，可用于定时。

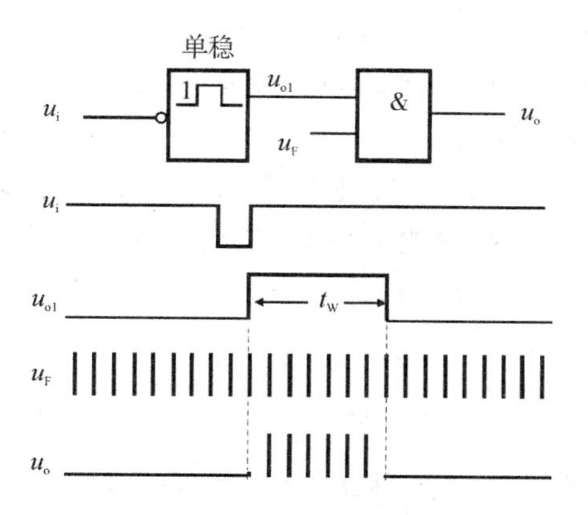

图 6 - 14　单稳态触发器用于延时和定时

【例 6 - 1】　试用 74LS121 集成单稳态触发器将频率为 50 kHz、占空比为 80%的矩形波变换成同频率的占空比为 50%的方波，输入 u_i、输出 u_o 波形如图 6 - 15 所示。试画出实现的电路图。

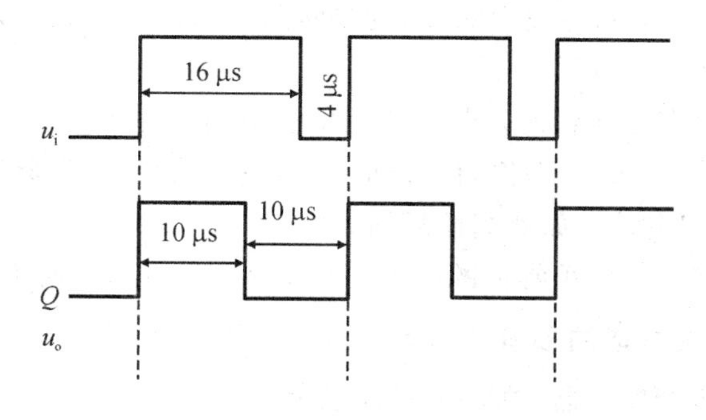

图 6 - 15　输入、输出波形

解　u_i 的周期 $T=1/50\ \text{kHz}=20\ \mu s$，占空比 $q=16/(16+4)=80\%$，波形如图 6 - 15 上方所示，变换后占空比 $q=10/(10+10)=50\%$，$t_W=T/2=10\ \mu s$，波形如图 6 - 15 下方所示。

查手册可知74LS121为TTL的不可重触发单稳态触发器，74LS121外接定时电阻、电容的波形变换电路如图6-16所示。

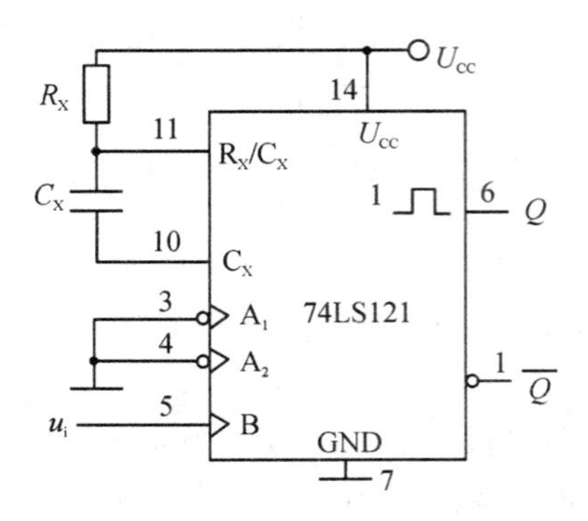

图6-16　例6-1图

图中A_1、A_2为下降沿触发时触发脉冲的输入端，B为上升沿触发时触发脉冲的输入端，C_X、R_X/C_X为外接定时元件。

将A_1、A_2接低电平，从B输入一个正脉冲，74LS121的Q输出端会产生一个正脉冲，输出脉冲的宽度主要由电阻值R_X和电容值C_X决定。

$$t_W = 10\ \mu s \approx 0.7 R_X C_X$$

若选电容$C_X=1000$ pF，则

$$R_X = \frac{10\ \mu s}{0.7 C_X} = \frac{10 \times 10^{-6}}{0.7 \times 10^{-9}} = 14.3\ k\Omega$$

可选用一个10 kΩ的固定电阻和一个5 kΩ的可变电阻串联而成。为了得到高精度的脉冲宽度，可用高质量的外接电容和电阻。

6.2.3　多谐振荡器

多谐振荡器是一种自激振荡电路，在接通电源以后，不需要外加触发信号，便能自动地产生矩形脉冲。由于矩形脉冲波中除了基波外还包含许多高次谐波分量，所以习惯上又把矩形波振荡器叫做多谐振荡器。

因为多谐振荡器没有稳定状态，也称为无稳态电路。具体地说，如果一开始多谐振荡器处于“0”状态，那么它在“0”状态停留一段时间后将自动转为“1”状态，在“1”状态停留一段时间后又自动转为“0”状态，如此周而复始。

多谐振荡器是数字系统中很常见的时钟信号源，它具有结构简单、调节方便的优点。

1. 用CMOS门电路构成的多谐振荡器

用门电路构成的多谐振荡器，如图6-17所示。图(a)为逻辑图，图(b)为工作波形。

多谐振荡器根据电路的结构不同分为对称式和非对称式两种。图6-17(a)为非对称多谐振荡器。结合图6-17(b)u_{i1}看，电路在T_1时刻，假设u_{i1}指数下降到G_1的阈值电压U_{TH}，将会产生如下正反馈：

$$u_{i1} \downarrow \rightarrow u_{o1} \uparrow \rightarrow u_{o2} \downarrow$$

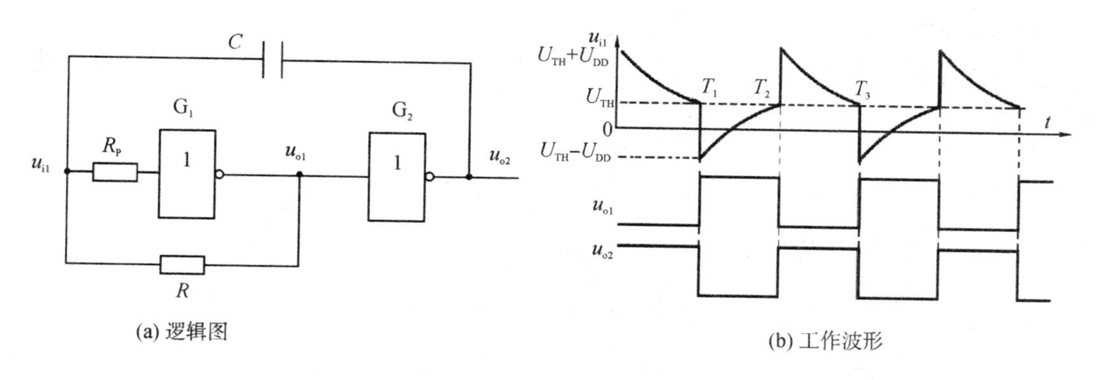

(a) 逻辑图　(b) 工作波形

图 6－17　用 CMOS 门电路构成的多谐振荡器

正反馈的结果是使 u_{o1} 迅速跳变为高电平而 u_{o2} 迅速跳变为低电平，电路进入第一个暂稳态。同时 G_1 输出的高电平经电阻 R 给电容 C 开始充电(经 G_2 输出低电平端)。这个暂态不能持久，随着电容 C 的充电，又会使得 u_{i1} 电压值指数上升，到 T_2 时刻，u_{i1} 上升到 G_1 的阈值电压 U_{TH}，又有正反馈：

$$u_{i1}\uparrow \rightarrow u_{o1}\downarrow \rightarrow u_{o2}\uparrow$$

正反馈的结果是使 u_{o1} 迅速跳变为低电平，u_{o2} 迅速跳变为高电平，电路进入第二个暂稳态。同时电容 C 通过电阻 R、导通的 G_1(输出低电平端)进行放电，由于电容 C 的放电，u_{i1} 又将指数下降，到 T_3 时刻，u_{i1} 又降到了 G_1 的阈值电压，电路又转回到初始状态(第一个暂稳态)。电路不停地在两个状态之间转换，输出端就可以得到输出脉冲。各处的电压波形如图 6－17(b)所示。

在忽略门的输入、输出内阻，并且假定门的阈值电压 U_{TH} 等于 U_{OH} 的一半时，振荡周期可以用下式来估算：

$$T \approx 2.2RC \tag{6-6}$$

注意：用 TTL 反相器组成的非对称型多谐振荡器的输出电压波形的占空比不等于 50%。

【例 6－2】 在图 6－17 的非对称式多谐振荡器电路中，已知 G_1、G_2 为 CMOS 反相器 CC4007，输出电阻小于 200 Ω。若取 $U_{DD}=10\ \text{V}$，$R_P=30\ \text{k}\Omega$，$R=4.3\ \text{k}\Omega$，$C=0.01\ \mu\text{F}$，试求电路的振荡频率。

解　由于反相器的输出电阻远小于 R，且 R_P 又较大，所以可用式(6－6)计算电路的振荡周期，得到

$$\begin{aligned} T &\approx 2.2RC = (2.2\times 4.3\times 10^{3}\times 0.01\times 10^{-6})\text{s} \\ &= 9.46\times 10^{-5}\text{s} \end{aligned}$$

故电路的振荡频率为

$$f=\frac{1}{T}=\frac{1}{9.46\times 10^{-5}}=10.6\ \text{kHz}$$

2. 用施密特触发器构成的多谐振荡器

前面已经讲过，施密特触发器最突出的特点是它的电压传输特性有一个回差区。由此我们想到，倘若能使它的输入电压在 U_{T+} 与 U_{T-} 之间不停地往复变化，那么在输出端就可

以得到矩形脉冲了。

实现上述设想的方法很简单，只要将施密特触发器的反相输出端经 RC 积分电路接回输入端即可，如图 6－18 所示。

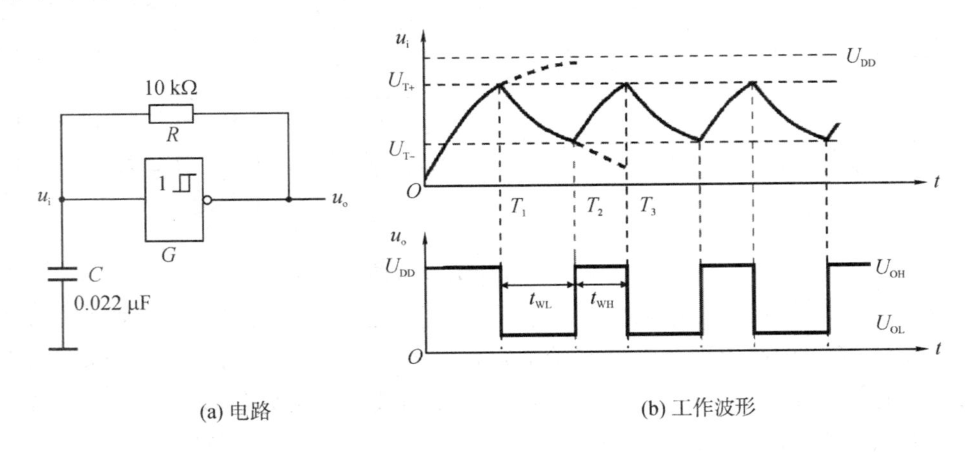

(a) 电路　　(b) 工作波形

图 6－18　用施密特触发器构成的多谐振荡器

在图 6－18(a)所示电路中，在 $t=0$ 瞬间接上电源 U_{DD}(接通电源之前电容 C 两端无电压)，即 G 的输入电压 u_i 为 0，故输出电压 $u_o \approx U_{DD}$。u_o 通过电阻 R 给 C 充电，使 u_i 呈指数上升。

设在 $t=T_1$ 时刻，$u_i(T_1)=U_{T+}$，输出 u_o 转成低电平 U_{OL}。由于 $U_{OL}\approx 0$，电容 C 经电阻 R 及 G 的输出内阻放电，u_i 呈指数下降。

当 $t=T_2$ 时，$u_i(T_2)=U_{T-}$，u_o 返回高电平，$U_{OH}\approx U_{DD}$。随之电容 C 又充电，到 $t=T_3$ 时刻，$u_i(T_3)=U_{T+}$，电路状态又转成低电平。如此周而复始，G 的输出 u_o 便是一串自激方波，工作波形如图 6－18(b)所示。

若使用的是 CMOS 施密特触发器，而且 $U_{OH}\approx U_{DD}$，$U_{OL}\approx 0$，则依据图 6－18(b)的电压波形得到输出脉冲的低电平宽度公式为

$$t_{WL} = RC\ln\frac{U_{T+}}{U_{T-}} \tag{6-7}$$

输出脉冲的低电平宽度为

$$t_{WH} = RC\ln\frac{U_{DD}-U_{T-}}{U_{DD}-U_{T+}} \tag{6-8}$$

输出脉冲的周期为

$$T = t_{WL}+t_{WH} = RC\ln\left(\frac{U_{T+}}{U_{T-}}\cdot\frac{U_{DD}-U_{T-}}{U_{DD}-U_{T+}}\right) \tag{6-9}$$

改变 R、C 的大小可以改变振荡周期。由于 CMOS 门的输入阻抗很高，故电容 C 的充、放电时间常数几乎相等，因而输出波形 u_o 接近对称(近似为方波)。

在图 6－18 这个电路的基础上稍加修改就能实现对输出脉冲占空比的可调，电路的接法如图 6－19 所示。在这个电路中，因为电容的充电和放电分别经过两个电阻 R_1 和 R_2，所以只有改变 R_1 和 R_2 的比值，才能改变占空比。

注意：如果使用 TTL 施密特触发器构成多谐振荡器，在计算振荡周期时应考虑到施密特触发器输入电路对电容充、放电的影响，结果会有一些误差。

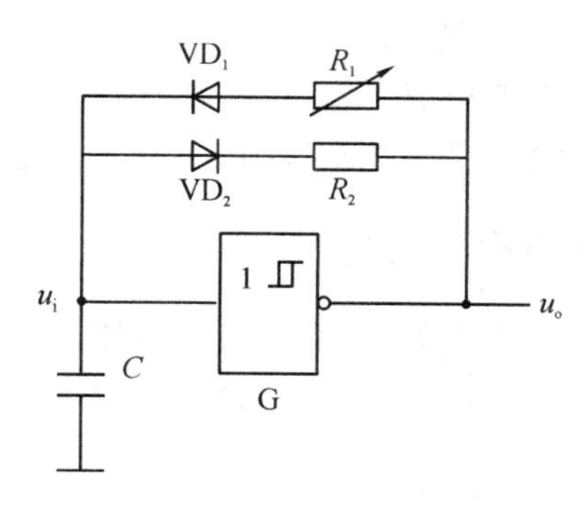

图 6－19　脉冲占空比可调的多谐振荡器

【例 6－3】 在图 6－18 的施密特触发器构成的多谐振荡器电路中，已知 G 为 CMOS 电路 CC40106（六施密特反相器），$U_{DD}=5$ V，$U_{OH}\approx U_{DD}$，$U_{OL}\approx 0$ V，$U_{T-}=1.67$ V，$U_{T+}=2.75$ V，$R=10$ kΩ，$C=0.022$ μF，试求电路的振荡周期、频率和占空比。

解　（1）低电平宽度 t_{WL}：

$$t_{WL}=RC\ln\frac{U_{T+}}{U_{T-}}=10\times10^{3}\times0.022\times10^{-6}\ln\frac{2.75}{1.67}=109.7\ \mu s$$

（2）高电平宽度 t_{WH}：

$$t_{WH}=RC\ln\frac{U_{DD}-U_{T-}}{U_{DD}-U_{T+}}=10\times10^{3}\times0.022\times10^{-6}\ln\frac{5-1.67}{5-2.75}=86.2\ \mu s$$

（3）振荡周期 T：

$$T=t_{WL}+t_{WH}=109.7+86.2=195.9\ \mu s$$

（4）振荡频率 f：

$$f=\frac{1}{T}=\frac{1}{195.9\times10^{-6}}=5.10\ \text{kHz}$$

（5）占空比 q：

$$q=\frac{t_{WH}}{T}=\frac{86.2}{195.9}=0.44=44\%$$

6.3　555 定时器及其组成的脉冲产生与整形电路

555 定时器是一种应用极为广泛的中规模集成电路，因为集成电路内部含有三个 5 kΩ 电阻而得名。该电路使用灵活、方便，只需要外接少量的阻容元件就可以构成施密特触发器、单稳态触发器和多谐振荡器，且价格便宜。

555 定时器在波形产生与变换、测量与控制、家用电器、电子玩具等许多领域中都得到了广泛的应用。

目前生产的 555 定时器有双极型和 CMOS 两种类型，所有双极型产品型号最后的 3 位数码都是 555，所有 CMOS 产品型号最后的 4 位数码都是 7555。而且，它们的功能和外部引脚的排列完全相同。为了提高集成度，还生产了双定时产品 556（双极型）和 7556（CMOS 型）。

通常双极型定时器具有较强的带负载能力，而 CMOS 定时器具有低功耗、输入阻抗高等优点。555 定时器工作的电源电压范围很宽，并可承受较大的负载电流。双极型定时器的电源电压范围为 5～16 V，最大负载电流可达 200 mA，因此可直接驱动继电器、发光二极管、扬声器、指示灯等；CMOS 定时器电源电压范围为 3～18 V，最大负载电流在 4 mA 以上。

6.3.1　555 定时器的电路结构与功能

555 定时器是一种将模拟电路和数字电路混合集成于一体的多用途电子器件，其国产双极型定时器 CB555 的内部电路结构与引脚排列，如图 6－20 所示。

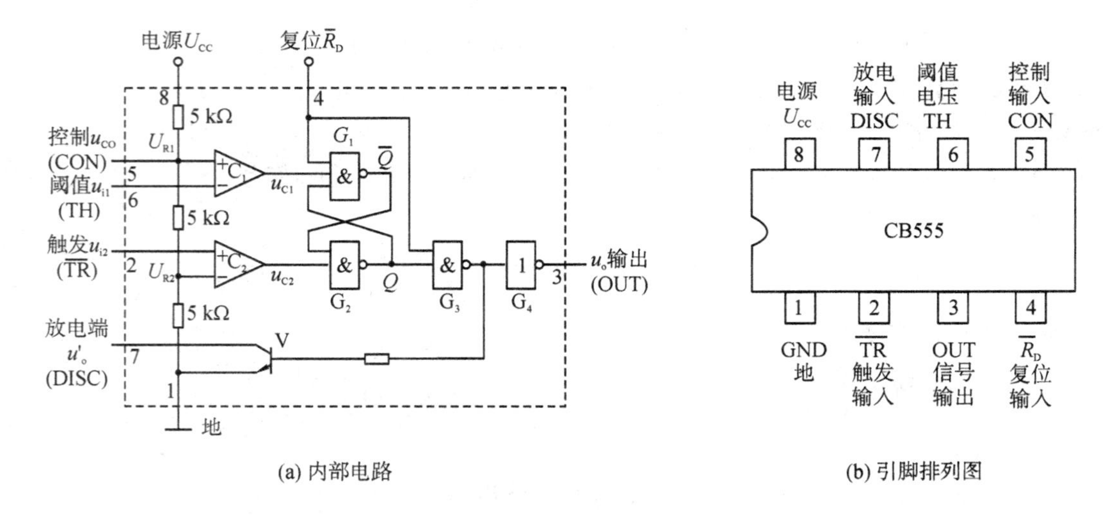

图 6－20　CB555 内部电路结构与引脚排列图

555 定时器由 3 个阻值为 5 kΩ 的电阻组成的分压器、两个电压比较器 C_1 和 C_2、基本 RS 触发器、放电三极管 V 和缓冲反相器 G_4 组成。

虚线边沿标注的数字为 555 定时器管脚号。其中：1 脚接地端。2 脚低电平触发端，由此输入低电平触发脉冲。6 脚为高电平触发端，由此输入高电平触发脉冲。5 脚电压控制端，在此端外加电压可以改变比较器的参考电压。不用时，经 0.01 μF 的电容接“地”，以防止引入干扰。7 脚放电端，555 定时器输出低电平时，放电晶体管 V 导通，外接电容元件通过 V 放电。3 脚输出端，输出高电压约低于电源电压 1～3 V。8 脚为电源端。

4 脚复位端，只要 4 脚加上低电平，输出端直接复位(低电平)，不受其他输入端状态的影响。正常工作时必须使 4 脚处于高电平。

555 定时器工作过程分析如下：

5 脚悬空时，比较器 C_1 和 C_2 的比较电压分别为

$$U_{R1} = \frac{2}{3}U_{CC}$$

$$U_{R2} = \frac{1}{3}U_{CC}$$

当 $u_{i1} > u_{R1}$，$u_{i2} > u_{R2}$ 时，比较器 C_1 输出低电平，比较器 C_2 输出高电平，基本 RS 触发器“置 0”，G_3 输出高电平，放电三极管 V 导通，定时器输出低电平，$u_o = U_{OL}$。

当 $u_{i1}<u_{R1}$，$u_{i2}>u_{R2}$ 时，比较器 C_1 输出高电平，比较器 C_2 输出高电平，基本 RS 触发器保持原状态不变，555 定时器输出状态亦保持不变。

当 $u_{i1}>u_{R1}$，$u_{i2}<u_{R2}$ 时，比较器 C_1 输出低电平，比较器 C_2 输出低电平，基本 RS 触发器两端都被置 1，G_3 输出低电平，放电三极管 V 截止，定时器输出高电平，$u_o=U_{OH}$。

当 $u_{i1}<u_{R1}$，$u_{i2}<u_{R2}$ 时，比较器 C_1 输出高电平，比较器 C_2 输出低电平，基本 RS 触发器置 1，G_3 输出低电平，放电三极管 V 截止，定时器输出高电平，$u_o=U_{OH}$。

综合上述的分析，可以得到如表 6-2 所示的 555 定时器的功能表。

表 6-2　555 定时器的功能表

复位端 $\overline{R}_D$	高电平触发端 u_{i1}	低电平触发端 u_{i2}	放电三极管 V	输出端 u_o
0	×	×	导通	0
1	$>\frac{2}{3}U_{CC}$	$>\frac{1}{3}U_{CC}$	导通	0
1	$<\frac{2}{3}U_{CC}$	$>\frac{1}{3}U_{CC}$	不变	不变
1	$>\frac{2}{3}U_{CC}$	$<\frac{1}{3}U_{CC}$	截止	1
1	$<\frac{2}{3}U_{CC}$	$<\frac{1}{3}U_{CC}$	截止	1

6.3.2　555 定时器的应用

1. 用 555 定时器构成施密特触发器

将 555 定时器的 2 脚和 6 脚接在一起，可以构成施密特触发器，如图 6-21(a)所示。我们简记为“二六一搭”。为了提高比较器参考电压 U_{R1} 和 U_{R2} 的稳定性，通常在控制电压输入 CON 端(5 脚)接 0.01 μF 左右的滤波电容。

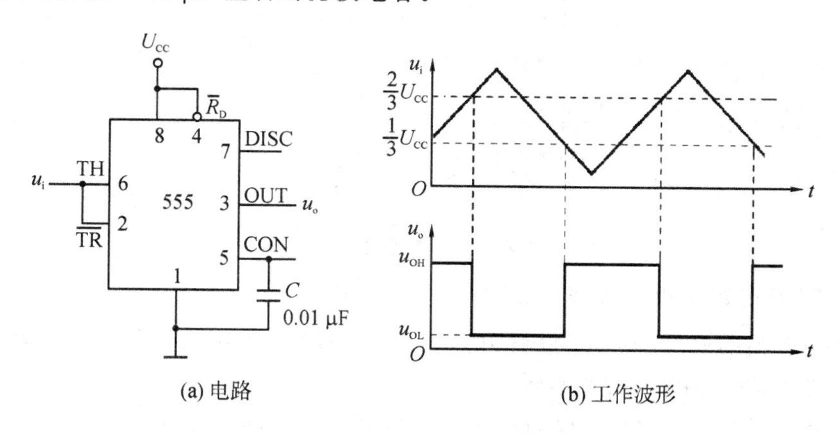

图 6-21　用 555 定时器构成的施密特触发器

假定输入的触发信号 u_i 为三角波，如图 6-21(b)所示，根据输入波形分析电路的工作过程如下：

设输入电压 u_i 为低电平时($u_i<\frac{1}{3}U_{CC}$)，定时器的输出 OUT 端为高电平。当 u_i 的电压逐渐升高到$\frac{1}{3}U_{CC}<u_i<\frac{2}{3}U_{CC}$时，555 定时器的输出状态保持不变。

当输入电压 u_i 继续上升到 $u_i>\frac{2}{3}U_{CC}$时，555 定时器的输出 OUT 端状态发生翻转，跳变成低电平，此时对应的输入电压为正向阈值电压，即 $U_{T+}=\frac{2}{3}U_{CC}$。

输入电压 u_i 继续增加，555 定时器仍然处于低电平，输入电压增加到最高点后逐渐下降，当$\frac{1}{3}U_{CC}<u_i<\frac{2}{3}U_{CC}$时，555 定时器的输出状态保持不变，输出还是低电平状态。

当输入电压下降到 $u_i<\frac{1}{3}U_{CC}$时，电路状态又一次发生翻转，输出重新跳变成高电平。

从这里可以看出这个施密特触发器的负向阈值电压为

$$U_{T-}=\frac{1}{3}U_{CC}$$

回差电压：

$$\Delta U_T=U_{T+}-U_{T-}=\frac{1}{3}U_{CC} \tag{6-10}$$

图 6-22 是图 6-21 电路的电压传输特性，它是一个典型的反相输出施密特触发特性。如果参考电压(5 脚)由外接的电压 U_{CO}供给，则不难看出这时 $U_{T+}=U_{CO}$，$U_{T-}=\frac{1}{2}U_{CO}$。回差电压 $\Delta U_T=U_{T+}-U_{T-}=\frac{1}{2}U_{CO}$，通过改变 U_{CO}值可以调节回差电压的大小。

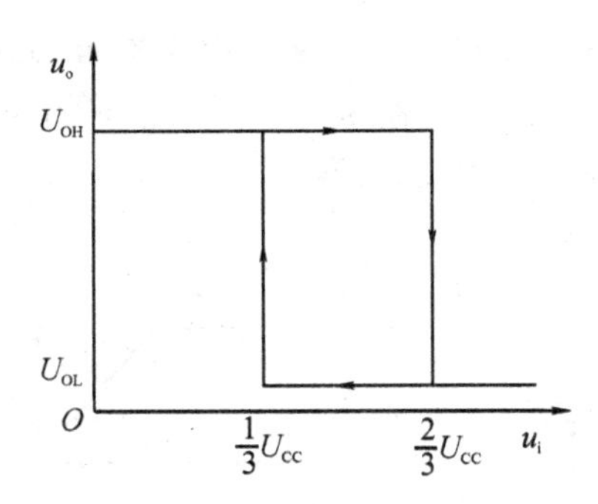

图 6-22　图 6-21 电路的电压传输特性

2. 用 555 定时器构成单稳态触发器

将 555 定时器的 6 号脚和 7 号脚接在一起，并添加一个电容 C 和一个电阻 R，就可以构成单稳态触发器，如图 6-23(a)所示。

电容接在 6 号脚与地之间，电阻接在 7 号脚和电源之间。我们简记为“七六一搭，下 C 上 R”。这个单稳态触发器是负脉冲触发的。稳态时，这个单稳态触发器输出低电平。暂稳态时，触发器输出高电平。5 号脚悬空时，输出脉冲宽度为 $t_W=RC\ln3\approx1.1RC$。

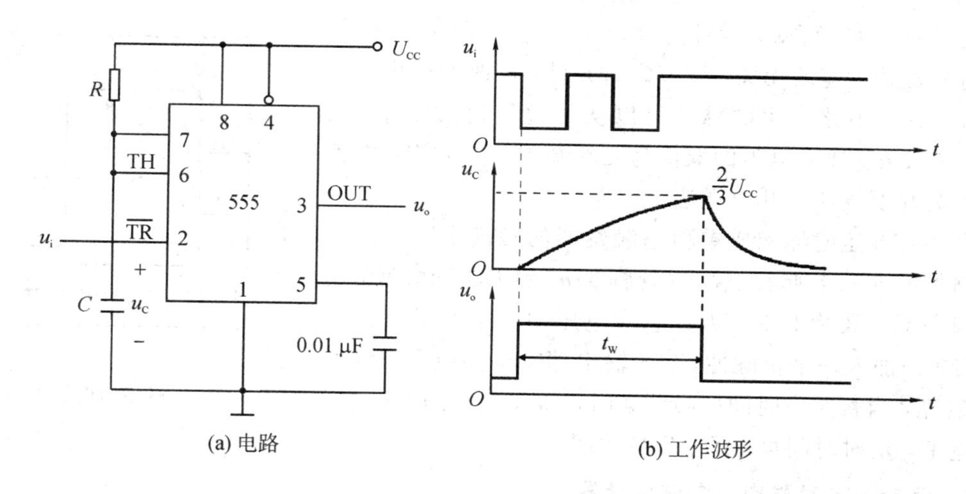

(a) 电路　(b) 工作波形

图 6-23　用 555 定时器构成单稳态触发器

刚接通电源时，假如没有触发信号，电路先有一个稳定的过程，即电源通过电阻 R 向电容 C 充电，当电容上的电压超过高电平触发电压时，触发器被复位，输出为低电平，此时，555 定时器内部的放电三极管导通，电容 C 通过放电三极管放电，555 定时器进入保持状态，输出稳定在低电平不变。

若在触发输入端(2 脚)施加一个负向、窄的触发脉冲，则此时 u_{i2} 低于 $\frac{1}{3}U_{CC}$，使得触发器发生状态翻转，因而触发器的输出为高电平，电路进入暂稳态。因为此时 555 定时器内部的放电三极管截止，所以电源又经过电阻 R 向电容 C 充电，充电时间常数 $\tau=RC$。电容上的电压按指数规律上升。很短时间后，触发负脉冲消失，低电平触发端又回到高电平，而此时高电平触发端电压(即为电容 C 上的电压)还没有上升到 $\frac{2}{3}U_{CC}$，所以 555 定时器进入保持状态，内部的放电三极管还是截止的。电源继续通过电阻 R 向电容充电，一直到电容上的电压超过 $\frac{2}{3}U_{CC}$ 为止。即使在充电的过程中再来一个负窄脉冲，也不会对电路状态有影响。

当电容上的电压达到 $\frac{2}{3}U_{CC}$ 时，电路又一次发生翻转，触发器的输出跳变为低电平，555 定时器内部的放电三极管导通，电容 C 又通过放电三极管放电，电路恢复到初始的稳定状态，静待第二个负触发脉冲的到来，从上面的分析可知，这样构成的是一个非可重触发的单稳态触发器。

如果忽略 555 内部的放电三极管的饱和压降，则触发器输出电压 u_o 的脉冲宽度即为电容上的电压从零上升到 $u_C=\frac{2}{3}U_{CC}$ 的时间。根据 RC 电路过渡过程公式可求得

$$t_W=\tau\ln\frac{U_C(\infty)-U_C(0)}{U_C(\infty)-U_{T+}}$$

式中，$\tau=RC$，$U_C(\infty)=U_{CC}$，$U_C(0)\approx0$，$U_{T+}=\frac{2}{3}U_{CC}$，代入上式得

$$t_W=RC\ln\frac{U_{CC}-0}{U_{CC}-\frac{2}{3}U_{CC}}=RC\ln3\approx1.1RC \tag{6-11}$$

由式(6－11)可知，脉冲宽度取决于定时元件 R、C 的值，与触发脉冲宽度无关，调节定时元件，可改变输出脉冲的宽度。这种电路产生的脉冲可以从几微秒到数分钟，精度可达 0.1%。通常电阻的取值为几欧姆到几兆欧姆，电容的取值为几百皮法到几百微法。

利用 555 定时器构成单稳态触发器的触摸定时控制开关电路如图 6－24 所示。输出(管脚 3)u_o 用来驱动灯泡，用手触摸一下金属片 P 时，人体感应电压相当于在触发输入端(管脚 2)加入一个负脉冲，555 输出端输出高电平，灯泡(R_L)发光，当暂稳态时间(t_W)结束时，555 定时器输出端恢复低电平，定时时间可由 R、C 参数调节。

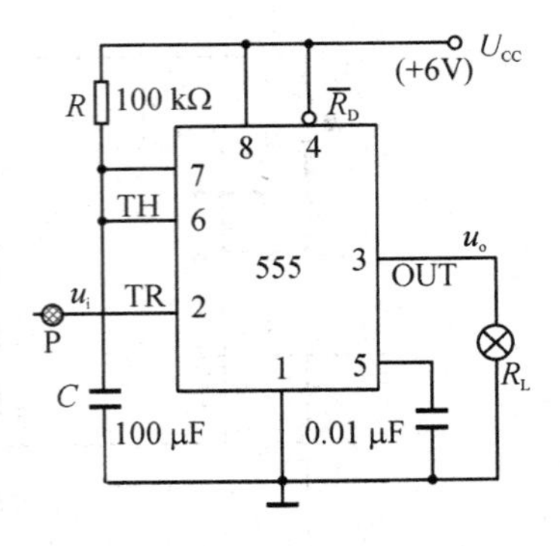

图 6－24 触摸定时控制开关

3. 用 555 定时器构成多谐振荡器

先用 555 定时器构成施密特触发器，再把这个施密特触发器改接成多谐振荡器，电路如图 6－25(a)所示。

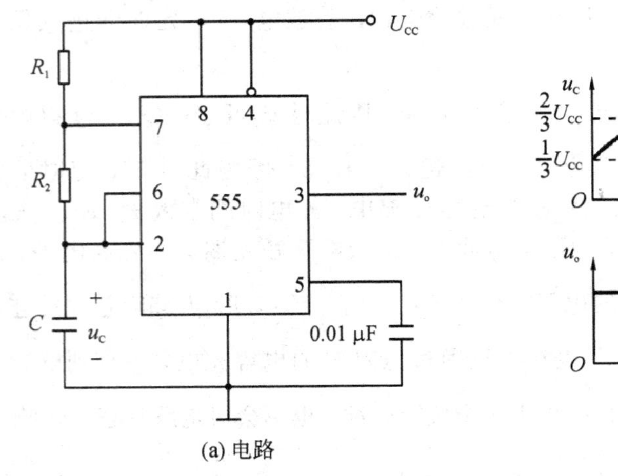

(a) 电路

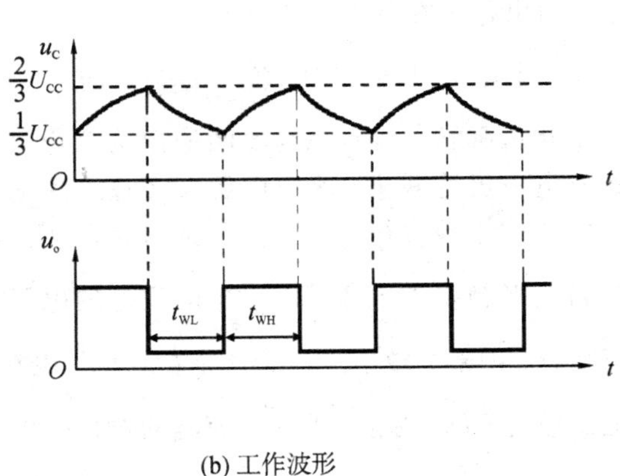

(b) 工作波形

图 6－25 用 555 定时器构成多谐振荡器

一开始接通电源后，电源经过 R_1 和 R_2 向 C 充电，电容两端电压上升，当 $u_C > \frac{2}{3}U_{CC}$ 时，触发器被复位，此时输出为低电平，同时 555 定时器内部的放电三极管导通，电容 C 通过电阻 R_2 和放电三极管放电，使电容两端电压下降，当 $u_C < \frac{1}{3}U_{CC}$ 时，触发器又被置位，输出翻转为高电平。电容器放电所需的时间为

$$t_{WL} = R_2 C\ln 2 \approx 0.7R_2 C$$

当电容 C 放电结束时，放电三极管截止，电源又开始经过 R_1 和 R_2 向电容器 C 充电，电容电压由 $\frac{1}{3}U_{CC}$ 上升到 $\frac{2}{3}U_{CC}$ 所需的时间为

$$t_{WH} = (R_1 + R_2)C\ln 2 \approx 0.7(R_1 + R_2)C$$

当电容电压上升到$\frac{2}{3}U_{CC}$时，触发器又发生翻转，如此周而复始，在输出端就得到一个周期性的矩形脉冲，故电路的振荡周期为

$$T = t_{WH} + t_{WL} = (R_1 + 2R_2)C\ln 2 \tag{6-12}$$

其频率为

$$f = \frac{1}{T} = \frac{1}{(R_1 + 2R_2)C\ln 2} \approx \frac{1.44}{(R_1 + 2R_2)C} \tag{6-13}$$

通过改变 R 和 C 的参数可以改变振荡频率。用 CB555 组成的多谐振荡器最高振荡频率达 500 kHz，用 CB7555 组成的多谐振荡器最高振荡频率可达 1 MHz。

输出脉冲的占空比为

$$q = \frac{t_{WH}}{T} = \frac{R_1 + R_2}{R_1 + 2R_2} \tag{6-14}$$

式(6-14)说明，图 6-25(a)电路输出脉冲的占空比始终大于 50%，为了得到小于或等于 50%的占空比，可以采用图 6-26 所示的改进电路。由于接入了二极管 VD_1 和 VD_2，电容的充电电流和放电电流流经不同的路径，充电电流只流经 R_1，放电电流只流经 R_2，因此电容 C 的充电时间常数为

$$t_{WH} = R_1 C\ln 2$$

而电容 C 的放电时间常数为

$$t_{WL} = R_2 C\ln 2$$

输出脉冲的占空比为

$$q = \frac{t_{WH}}{t_{WH} + t_{WL}} = \frac{R_1}{R_1 + R_2} \tag{6-15}$$

若取 $R_1 = R_2$，则输出脉冲的占空比 $q = 50\%$。

图 6-26 所示电路的振荡周期也相应变成

$$T = t_{WH} + t_{WL} = (R_1 + R_2)C\ln 2 \tag{6-16}$$

利用 555 定时器构成多谐振荡器的双音门铃电路如图 6-27 所示。

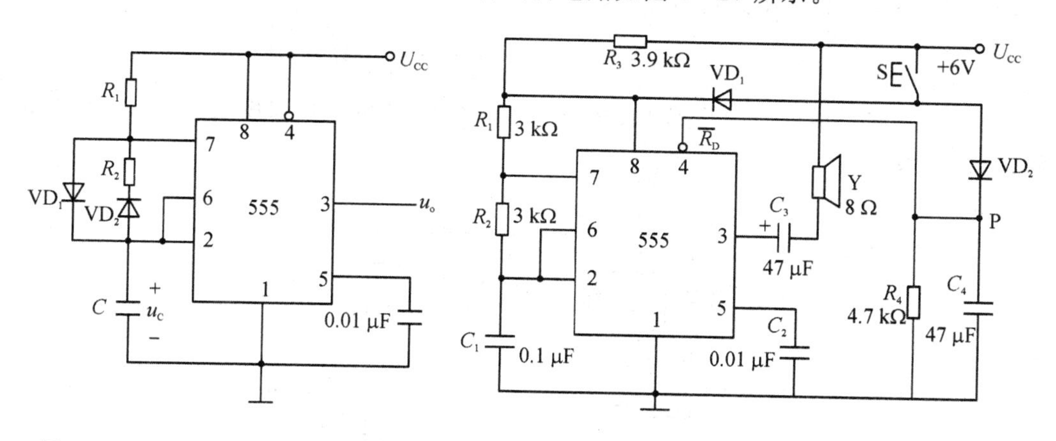

图 6-26　占空比可调的多谐振荡器　　　图 6-27　双音门铃电路

当按钮 S 按下时，开关闭合，U_{CC}经 VD_2 向 C_4 充电，P 点(4 脚)电位迅速升高至 U_{CC}，则 $\overline{R}_D$ 变为高电平，复位解除；同时 VD_1 将 R_3 旁路，U_{CC}经 VD_1、R_1、R_2 向 C_1 充电，充电时

间常数为$(R_1+R_2)C_1$，放电时间常数为R_2C_1，多谐振荡器产生高频振动，扬声器发出高音。

当按钮S松开时，开关断开，由于C_4储存的电荷经R_4放电要维持一段时间，在P点降到复位电平前，电路仍将维持振荡，同时U_{CC}经R_3、R_1、R_2向C_1充电，则充电时间常数增加为$(R_1+R_2+R_3)C_1$，而放电时间常数仍为R_2C_1，多谐振荡器产生低频振荡，扬声器发出低音。

电容C_4持续放电，使P点电位降到复位(低)电平，多谐振荡器将停止振荡，扬声器停止发声，调节相关参数，可以改变高、低音发音频率及低音维持时间。

【例 6-4】 在图 6-25 所示电路中，已知$U_{CC}=5$ V，$R_1=5.1$ kΩ，$R_2=5.1$ kΩ，$C=0.1$ μF，试求电路的振荡频率和占空比。

解 根据式(6-13)可得振荡频率：

$$f=\frac{1}{T}\approx\frac{1.44}{(R_1+2R_2)C}=\frac{1.44}{(5.1+2\times5.1)\times10^3\times0.1\times10^{-6}}=941\ \text{Hz}$$

根据式(6-14)可得输出脉冲的占空比(因为$R_1=R_2$)为

$$q=\frac{R_1+R_2}{R_1+2R_2}=\frac{2}{3}=66.7\%$$

【例 6-5】 试用CB555定时器设计一个多谐振荡器，要求振荡周期为1 s，输出脉冲幅度大于3 V而小于5 V，输出脉冲的占空比$q=\frac{2}{3}$。

解 由CB555的特性参数可知，当电源电压取为5 V时，在100 mA的输出电流下输出电压的典型值为3.3 V，所以取$U_{CC}=5$ V可以满足输出幅度的要求，若采用图6-25电路，则据式(6-14)可知：

$$q=\frac{R_1+R_2}{R_1+2R_2}=\frac{2}{3}$$

故得到$R_1=R_2$。

又由式(6-12)知：

$$T=(R_1+2R_2)C\ln2=1$$

若取$C=10$ μF，则代入上式可得到

$$R_1=\frac{1}{3C\ln2}\Omega=\frac{1}{3\times10\times10^{-6}\times0.69}\Omega=48\ \text{k}\Omega$$

因为$R_1=R_2$，所以取两只47 kΩ的电阻与一个2 kΩ的电位器串联，即得到图6-28所示的设计结果。

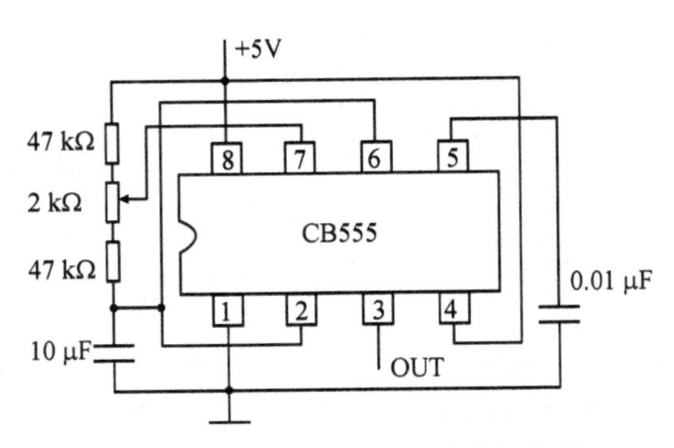

图 6-28　例 6-5 设计的多谐振荡器

6.4　实验：555 定时器的实践应用

1. 实验目的

(1) 了解集成 555 定时器的电路结构、工作原理及特点。

(2) 掌握集成 555 定时器的基本应用。

(3) 熟悉集成 555 定时器应用电路的测试方法。

2. 实验仪器

(1) 直流稳压电源。

(2) 双踪示波器。

(3) 数字电路实验箱(能提供连续脉冲、单脉冲等)。

(4) 信号发生器。

(5) 555 定时器。

(6) 二极管等。

3. 实验内容

集成 555 定时器是一种模拟和数字逻辑功能结合在一起的中规模集成电路。其中我们常用到的 555 定时器的引脚排列如图 6-20(b)所示。其功能表如表 6-2 所示。

555 定时器功能灵活、应用方便，常用来构成单稳态触发器、多谐振荡器、脉冲整形电路等。

1) 构成施密特触发器

由集成 555 定时器构成的施密特触发器如图 6-29 所示。

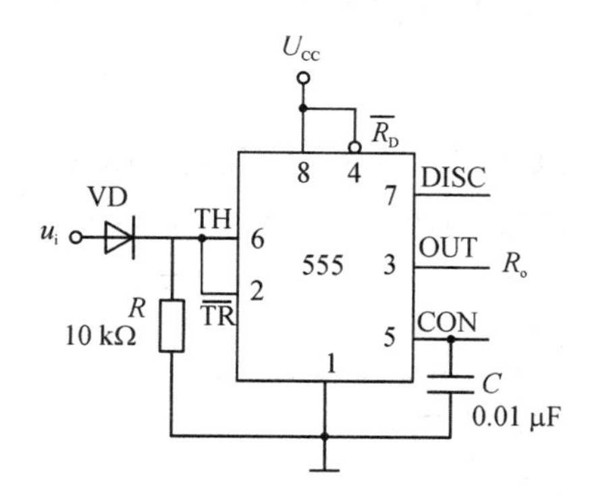

图 6-29　构成施密特触发器

(1) 按电路图连线，输入信号 u_i 为正弦波(由信号发生器提供、频率调为 1 kHz)，直流稳压电源调成 5 V，接通电源，逐渐加大 u_i 的幅度，观察输出波形，并绘出输入、输出波形，计算出回差电压 ΔU。

(2) 将输入信号 u_i 调为三角波，其他条件不变，观察并绘出波形。

2) 构成单稳态触发器

由 555 定时器构成的单稳态触发器，电路如图 6-30 所示。

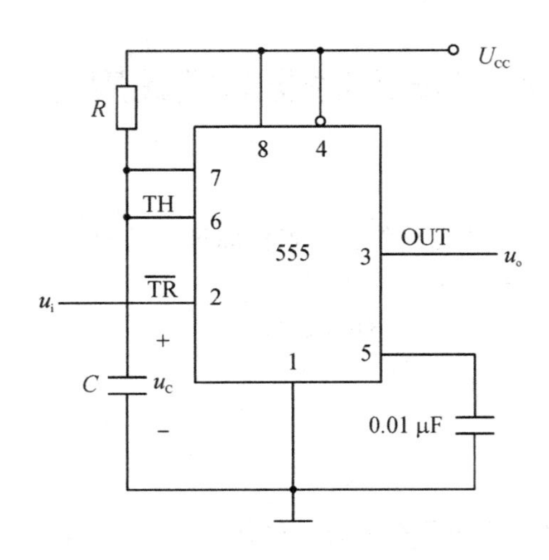

图 6-30　构成单稳态触发器

(1) 按电路连线，其中 R=100 kΩ，C=47 μF，输入信号 u_i 由实验箱中的单脉冲源提供，用双踪示波器观测 u_i、u_o 的波形，测量幅度和暂态时间，并完成表 6-3。

表 6-3　单稳态触发器测试记录表

电路参数		输　入		输　出		暂态时间	
电阻 R	电容 C	电压 U_i/V	波形	电压 U_o/V	波形	理论值	测量值
100 kΩ	47 μF						
1 kΩ	0.1 μF						

(2) 电路不变，将 R 改为 1 kΩ，C 改为 0.1 μF，输入端加 1 kHz 的连续脉冲，用示波器观测 u_i、u_o 的波形并完成表 6-3。

3) 构成多谐振荡器

由 555 构成的多谐振荡器如图 6-31 所示。按电路图连线，电源 U_{CC}=5 V。用示波器观察输出端的波形，将振荡波形的周期、频率及占空比填入表 6-4 中。

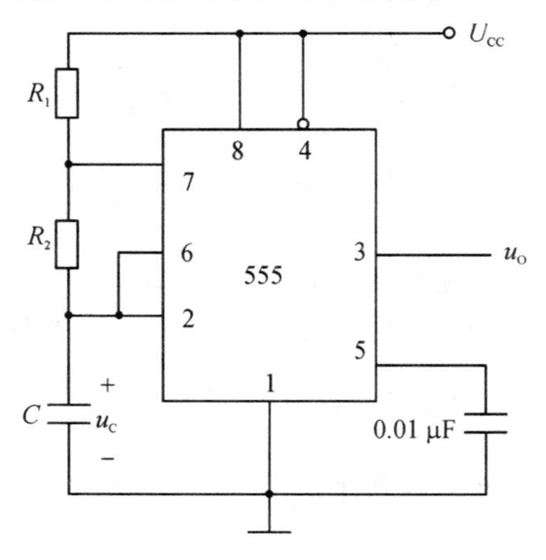

图 6-31　构成多谐振荡器

表 6－4　多谐振荡器测试记录表

电路参数			输　出			
R_1	R_2	电容 C	电压 U_{OH}/V	周期 $T/\mu s$	占空比 q	波形
5.1 kΩ	5.1 kΩ	0.1 μF				
3 kΩ	3 kΩ	0.33 μF				

注：振荡周期 $T=t_{WL}+t_{WH}$；占空比 $q=t_{WH}/T$。

4. 实验报告要求

(1) 填写并整理测试结果。

(2) 分析误差。

本章小结

(1) 本章主要介绍矩形脉冲波形的产生和整形电路。在脉冲整形电路中，介绍了最常用的两类整形电路——施密特触发器电路和单稳态触发器电路。在脉冲振荡电路中介绍了多谐振荡器电路的几种形式——非对称式多谐振荡器和用施密特触发器构成的多谐振荡器等。

(2) 本章重点介绍了 555 定时器和用它构成施密特触发器、单稳态触发器和多谐振荡器的方法。555 定时器是一种应用广泛的集成器件，多用于脉冲的产生、整形及定时。

(3) 施密特触发器实质是具有滞回特性的逻辑门，它有两个阈值电压。因为施密特触发器输出的高、低电平随输入信号的电平变化，所以输出脉冲的宽度是由输入信号决定的。由于它的滞回特性和输出电平转换过程中正反馈的作用，所以输出电压波形的边沿得到明显的改善。

(4) 单稳态触发器输出信号的宽度完全由电路参数决定，与输入信号无关。输入信号只起触发作用。集成单稳态触发器分为不可重复触发和可重复触发两大类，在暂稳态期间，出现的触发信号对不可重复触发的单稳态电路没有影响，而对可重复触发单稳态电路可以起到连续触发的作用。

(5) 自激的多谐振荡器，它不需要外加输入信号，只要接通供电电源就自动产生矩形脉冲信号。

(6) 在分析施密特触发器、单稳态触发器和多谐振荡器时，我们采用的是波形分析法。这种方法物理概念清楚、简单实用。在了解电路的工作原理后，重点是掌握一些简单实用的公式及有关参数的计算方法，如脉冲宽度、周期、频率及占空比公式等。

思考题与习题

6－1　施密特触发器的工作特点如何？它具有怎样的传输特性？它的主要用途是什么？用施密特触发器能否寄存 1 位二值数据？

6－2　若反相输出的施密特触发器输入信号如图所示，试画出输出信号的波形。输入

信号的转换电平 U_{T+}、U_{T-} 已在输入信号波形图上标出。

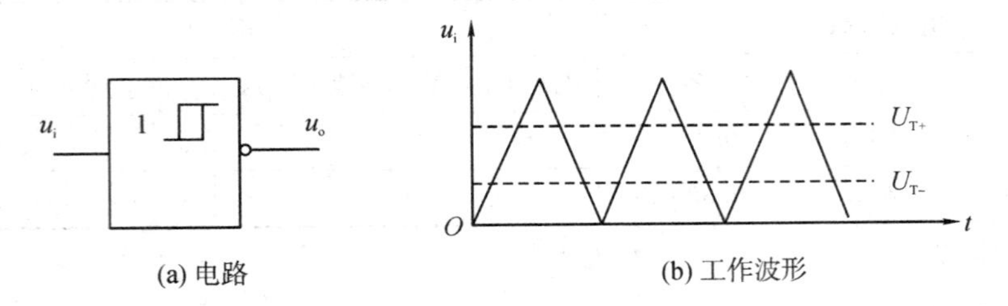

题 6-2 图

6-3　在图(a)所示的施密特触发器电路中，已知 $R_1=10\ \text{k}\Omega$，$R_2=30\ \text{k}\Omega$。G_1 和 G_2 为 CMOS 反相器，$U_{DD}=15\ \text{V}$，$U_{TH}=\frac{1}{2}U_{DD}$。

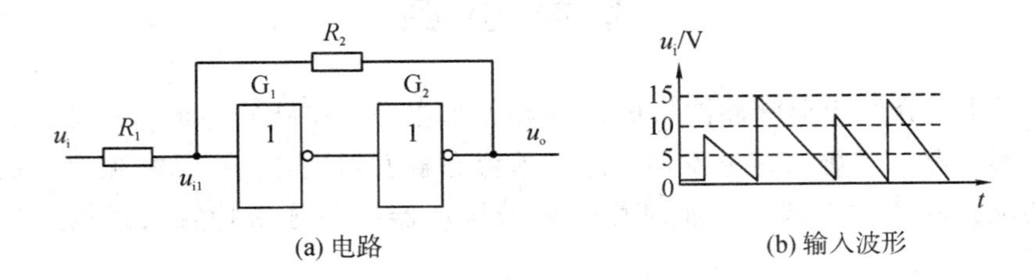

题 6-3 图

(1) 试计算电路的正向阈值电压 U_{T+}、负向阈值电压 U_{T-} 及回差电压 ΔU。

(2) 若将图(b)给出的电压信号加到图(a)电路的输入端，试画出输出电压的波形。

6-4　试说明单稳态触发器的工作特点和主要用途。

6-5　集成单稳态电路分哪两大类？它们的区别是什么？

6-6　图(a)是用两个集成单稳态触发器 74LS121 所组成的脉冲变换电路，外接电阻和电容的参数如图中所示。

(1) 试计算在输入触发信号 u_i 作用下 u_{o1}、u_{o2} 输出脉冲的宽度；

(2) 画出与图(b)所示 u_i 波形对应的 u_{o1}、u_{o2} 的电压波形。

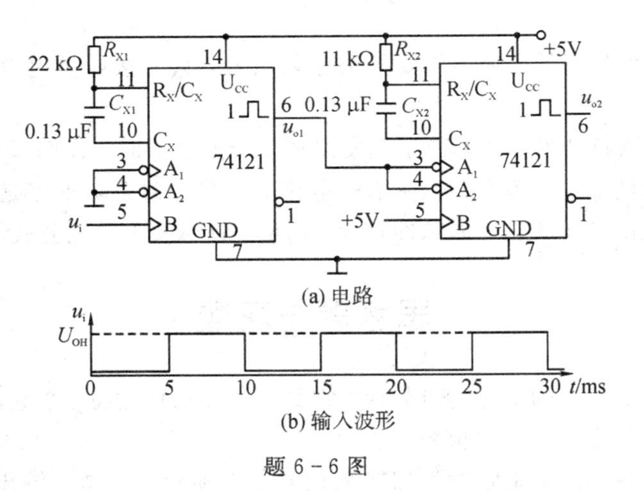

题 6-6 图

6-7　如图 6-21 所示是用 555 定时器构成的施密特触发器。试问：

(1) 在它的 5 脚接 0.01 μF 电容到地时，电源电压如果是 $U_{CC}=12$ V，则这个施密特触发器的正向阈值电压和负向阈值电压分别是多少？回差电压有多大？

(2) 如果在 5 脚接外接电压 $U_{CO}=8$ V，此时施密特触发器的正向阈值电压、负向阈值电压和回差电压是多少？

6-8　如图 6-23 所示的由 555 定时器构成的单稳态触发器，如果它的控制 CON 端(5 脚)不是接 0.01 μF 电容到地，而是外接可变电压 u，试问：

(1) u 变大，单稳态触发器在触发信号的作用下，输出脉冲宽度作何变化？

(2) u 变小，输出脉冲宽度又作何变化？

(3) 根据分析结果说明 u 的控制作用。

6-9　如图 6-25 所示的由 555 定时器构成的多谐振荡器，其主要参数如下：$U_{CC}=12$ V，$C=0.1$ μF，$R_1=2$ kΩ，$R_2=50$ kΩ，试求它的振荡频率及脉冲波形的占空比。

6-10　如图所示由 555 定时器构成的一个简易门铃电路，按下开关 S(开关闭合)门铃 Y 开始鸣响，并持续一段时间。

(1) 计算该门铃的鸣响频率；

(2) 在电源电压 U_{CC} 不变的条件下，若要使门铃的鸣响时间延长，应改变电路中那个元件参数？

(3) 该电路中电容 C_2、C_3 各起什么作用？

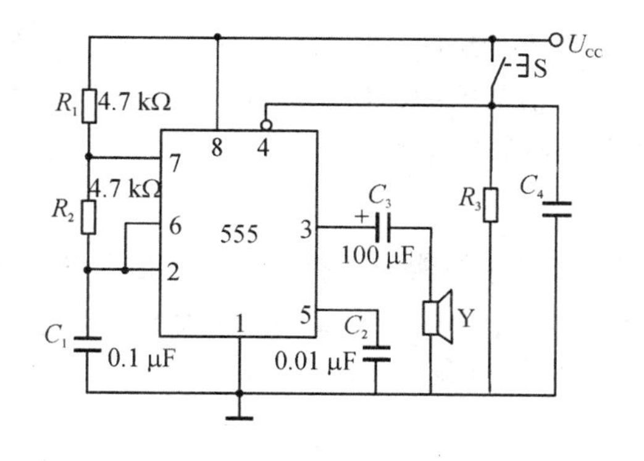

题 6-10 图

第7章 半导体存储器与可编程逻辑器件

知识重点

- 半导体存储器的分类和各自的特点
- ROM 和 RAM 的存储单元的工作原理

知识难点

- 基本存储单元的结构和原理

本章主要介绍半导体存储器的分类和各自的特点，了解 ROM 和 RAM 的存储单元的工作原理，并学习几种常见的可编程逻辑器件的功能和应用。

7.1 概　　述

在电子计算机以及其他数字系统的工作过程中，需要对大量的数据进行存储。半导体存储器就是一种能存储大量二值数据的器件。在当今数字系统中半导体存储器几乎是不可缺少的组成部分。半导体存储器的主要指标有存储器的容量和存储时间。

1. 存储器的容量

存储器的容量是反映存储器存储能力的指标，它是指存储器中具体存储单元的总数。存储器的每个存储单元只能存储一位(bit)二值数据，通常一次写入或读出的数据是多位二值数据(如 4 位、8 位等)，因此又由多个存储单元构成一个单元组，称为地址单元，每个地址单元有一个固定的地址与之相对应。所以存储器容量就是地址的总数和每一个地址单元的存储单元数的乘积。假设共有 2^{16} 个地址单元，每个地址单元存储 8 位二值数据，则这个存储器的容量为

$$容量 = 2^{16} \times 8(\text{bit})$$

存储器的容量都比较大，习惯上将 $2^{10}=1024$ 个存储单元称为 1 K，8 位(bit)称为一个字节(Byte)。例如存储器有 12 根地址线，8 根数据线，换句话说，就是有 2^{12} 个地址单元，每个地址单元存储 8 位二值数据，它的容量就是 $2^{12}\times 8=4\text{K}\times 8=32\text{K}(\text{bit})$，当然也可以称为 4 KB 字节。

2. 存取时间

存取时间是反映存储器性能的一个重要指标。一般来说，存取时间是指存储器从接收到寻址信号到完成读/写数据为止的时间。存储器的读出过程一般要比写入的过程短，存储器存取时间的长短对整个数字系统的性能都有很大的影响。通常存储器的存取时间是纳秒

数量级的。

半导体存储器按照其功能可以分为：只读存储器(ROM)和随机存取存储器(RAM)两大类。

7.2　只读存储器(ROM)

只读存储器(Read Only Memory，ROM)的特点是：只能一次性存入数据，以后可以多次读取数据，不能进行数据的修改，断电以后信息不会丢失，可以用来存放固定不变的信息。ROM 器件的种类很多，从制造工艺上看，有二极管 ROM、三极管 ROM 和 MOS 型 ROM 三种；按数据存入方式的不同，又可以分为固定 ROM 和可编程 ROM。可编程 ROM 又可以细分为一次可编程存储器(PROM)、光可擦除可编程存储器(EPROM)、电可擦除可编程存储器(E^2PROM)和闪速存储器等。

7.2.1　固定 ROM

最早的 ROM 品种就是固定 ROM，也称为掩模 ROM，它的内部结构如图 7-1 所示。

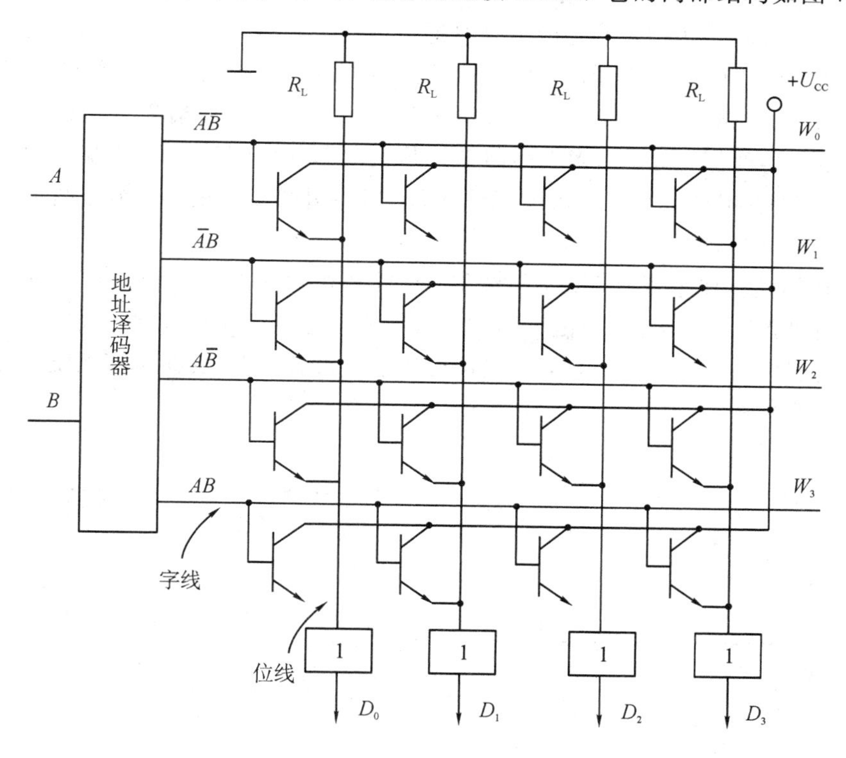

图 7-1　三极管固定 ROM 的内部构成

图 7-1 是一个简单的三极管 ROM 电路，共有四个地址单元，每个地址单元存放一个四位二进制数，两根地址线 A 和 B 由地址译码器译码后产生四条字选择线(称为字线)，四条位线(或称数据线)经同相器后即为 ROM 的四个输出端 D_0、D_1、D_2、D_3。每根字线与位线的交叉处是一个存储单元，这里共有 16 个单元，交叉处的三极管的发射极和位线连通的

单元存“1”，断开的单元存“0”。例如当 $AB=11$ 时，W_3 为高电平，其他字线为低电平，在 W_3 控制的四个三极管中，发射极和位线相连的三极管是导通的，所以相应的位线输出为高电平；发射极和位线没连通的三极管是截止的，所以相应的输出为低电平，因而在 ROM 的输出端上读出的数据为 $D_0D_1D_2D_3=0101$。也就相当于在“11”的地址单元上存储了一个“0101”这样的四位二进制数据。

固定 ROM 除了可以用三极管来构成外，也还可以用二极管或者 MOS 管来构成存储单元。用二极管的情形和我们介绍的三极管的情形完全类似，位线与字线之间用二极管相连的存储单元存“1”，不用二极管相连的存储单元则存“0”。用 MOS 管来构成 ROM 时可以增加存储密度。由上面的介绍可知，固定 ROM 的存储方案是按照用户的要求，在芯片加工的后阶段，利用专门预制的掩模板做进去的。显然，这种 ROM 一旦封装起来，其存储信号就不可改变。从经济上讲，只有产量大才合算。而对于有特殊要求的少量产品，如果采用固定 ROM 的方案就很不经济，这时以采用下述的可编程方案更为适宜。

7.2.2 可编程 ROM

可编程只读存储器(Programmable ROM，PROM)是一种半定制专用集成电路，它的存储数据可以由用户买来以后自己写入，但是一旦写入就不能再改动。

可编程 ROM 中的可编程元件，最普通的是熔断丝，它是在制造过程中串接在存储单元的某段导线中。三极管的可编程 ROM 如图 7-2 所示。每个发射极都经过熔丝和位线相连，出厂时全部熔丝都完好，相当于存储单元是全“1”，用户使用时，根据自己的需要，如欲使某些单元改写为“0”，则可以借助可编程 ROM 的外界编程电路，给这些单元通以足够大的电流，将熔丝烧断即可。

除去上述用熔丝作编程元件外，可编程 ROM 还可以用二极管作编程元件。如图 7-3 所示，当二极管 VD_N 未击穿前，由于两个二极管相向连接而无法导通，故出厂时存储单元是全“0”。如欲使某存储单元变成“1”，只需设法使二极管 VD_N 反向击穿而烧通即可。

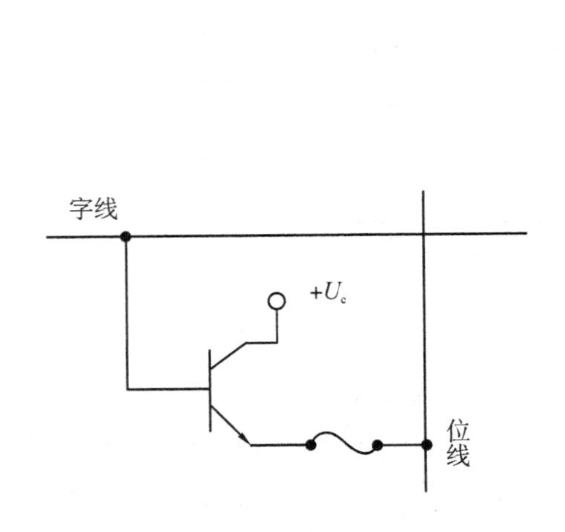

图 7-2 可编程 ROM 的单元

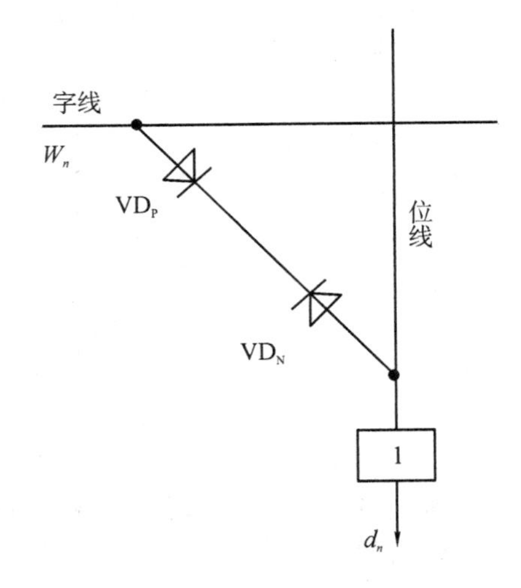

图 7-3 二极管作存储单元

用 MOS 管作存储单元如图 7－4 所示。图 7－4 是现在比较常见的用特殊的浮栅 MOS-FET作编程元件的可编程 ROM，这种可编程 ROM 在出厂时为全“1”状态，当四周由 SiO_2 包围的浮栅未充电时，管子的正常阈值电压是较低的，当选中的字线为高电平时，MOS 管导通，内部位线降成低电平，经反相输出为高电平；当设法给浮栅充电后，使得管子的阈值电压升高，这时即使字线为高电平也无法使 MOS 管导通，因而此时的输出为低电平。所以给浮栅充电，就相当于该单元写入了“0”，由于浮栅四周是绝缘的，它上面的电荷可维持 10 年之久，因而这样的编程是很可靠的。

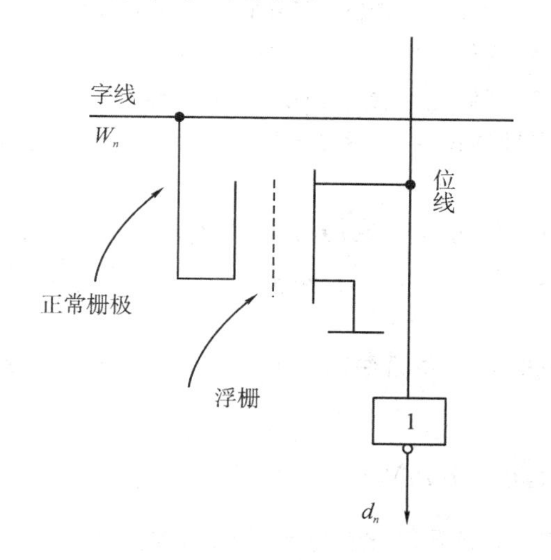

图 7－4　MOS 管作存储单元

7.3　随机存取存储器(RAM)

随机存取存储器(Random Access Memory，RAM)也叫随机读/写存储器，简称 RAM。它在工作时可以随时从任何一个地址读出数据，也可以随时将数据写入任何一个指定的存储单元中去。它的优点是读写方便，使用灵活；缺点是数据易失(即一旦停电，所存储的数据也将随之丢失)。RAM 可分为动态(Dynamic RAM，DRAM)和静态(Static RAM，SRAM)两大类。动态随机存储器(DRAM)是用 MOS 电路和电容作存储元件的。由于电容会放电，所以需要定时充电以维持存储内容的正确(例如每隔 2 ms 刷新一次)，因此称为动态存储器。静态随机存储器(SRAM)是用双极型电路或 MOS 电路的触发器作存储元件的，它没有电容放电造成的刷新问题，只要有电源正常供电，触发器就能稳定地存储数据。DRAM 的特点是集成密度高，主要用于大容量存储器。SRAM 的特点是存取速度快，主要用于调整缓冲存储器。

7.3.1　静态随机存储器(SRAM)

存储单元是存储器的最基本存储细胞，它可以存放一位二进制数据。下面我们先讨论静态随机存储器单元的工作原理，每个存储单元的等效电路图如图 7－5 所示，它包含一个 D 锁存器和一个三态门。

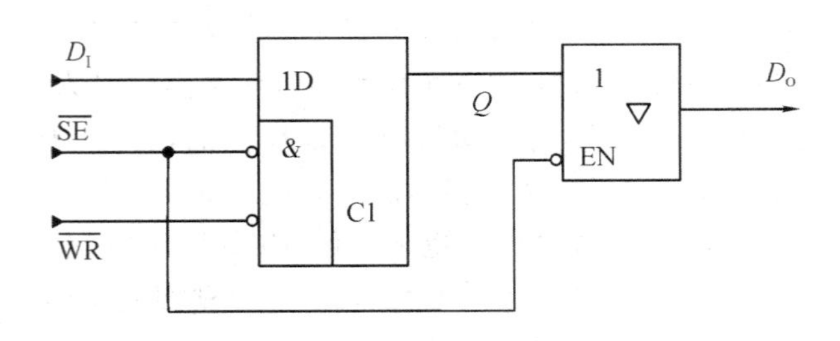

图 7-5 静态随机存储器存储单元简图

当该单元被选中时，字选信号$\overline{SE}=0$，三态门开启，原先存储在锁存器中的数据即可经三态门输出，这便是从静态存储器中读取数据的操作模式；若要向静态存储器中写入一个数据，则先要使写使能信号$\overline{WR}=0$，字选信号$\overline{SE}=0$，这时输入数据 D_I 才可以存入锁存器。

由上面介绍的存储单元就可以构成静态随机存储器，地址选择一般用译码器来实现，片选与读写控制信号用基本门电路构成，如果要构成一个 8 字×8 位的静态随机存储器，需要 64 个存储单元。

由这种存储单元构成的静态存储存储器的特点是，数据是由触发器记忆的，只要不断电，数据就能永久保存。

7.3.2 动态随机存储器(DRAM)

为了增大 RAM 的容量，必须简化存储单元的结构。通常静态存储单元中约需要由 4～6 个 MOS 管组成(如最常见的六管静态存储单元)，这使得存储器所用的管子数目多，功耗大，集成度受到了限制。为了克服这些缺点，人们研制出了动态随机存储器(DRAM)。DRAM 的基本存储电路是利用 MOS 管栅-源间电容对电荷的暂存效应来实现信息存储的，由于漏电流的存在，该电容中存储的电荷只能保持数毫秒至数百毫秒的短暂时间。为了避免所存信息的丢失，必须定时给电容补充电荷，这种操作称为再生或刷新。

常见的动态存储单元有单管电路、三管电路和四管电路等。目前大容量的 DRAM 大多采用单管的 MOS 动态存储单元。如图 7-6 所示为单管 MOS 动态随机存储单元的原理图。

图 7-6(a)中的电容 C_S 用于存储信息，V 为门控管。写入数据时，使字线为“1”，这时门控管 V 导通，来自数据线的待写入信息经过门控管存入电容 C_S。写入“1”时，电容 C_S 充电；写入“0”时，电容 C_S 放电。

读出数据时，字线也为“1”，门控管 V 导通。若电容 C_S 上有电荷，则会通过门控管的源-漏沟道对位线的分布电容 C_D 充电，位线上有电流流过，表示读出信息为“1”；若电容 C_S 上没有电荷，则位线上没有电流流过，表示读出信息为“0”。

存储在电容 C_S 上的电荷，只能保持一段很短的时间，电容必须按时再充电。在读出时，电容 C_S 上的电压会有所下降，也必须再充电，否则就会丢失数据，通常把这种再充电的操作称为刷新，刷新的间隔约为 2～8 ms，图 7-6(b)为刷新操作的示意图。

图 7-6 所示的 DRAM 随机存储器虽有刷新的麻烦，而且由于电容中的信号较弱，读出时需经过放大器处理，但在芯片面积、电流消耗及成本都相同的情况下，DRAM 的存储容量可提高近 4 倍。同时，DRAM 与 SRAM 相比，功耗低，速度高，价格也略便宜。

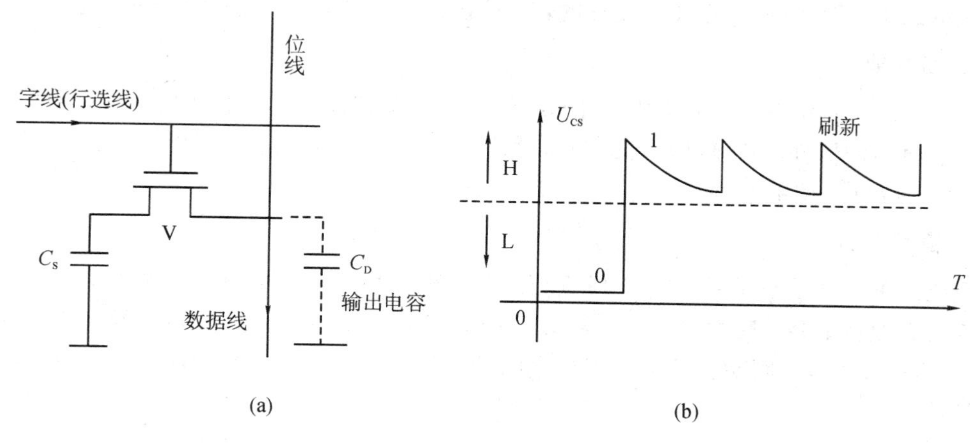

图 7-6　单管 MOS 动态随机存储单元

7.4　可编程逻辑器件(PLD)

数字电路中的集成电路通常是标准的小规模、中规模、大规模的器件，这些器件的逻辑功能是出厂时已经由厂商设计好的，用户只能根据其提供的功能及管脚进行设计其需要的电路，这些器件称为通用器件。由于这些通用器件考虑到其通用性，在使用时有许多功能是多余的，并且管脚的排布是固定的，因此在设计 PCB 时给电路的连线带来了极大的不便。

可编程逻辑器件(Programmable Logic Device，PLD)是 20 世纪 70 年代发展起来的一种半定制性质的专用集成电路，PLD 内部具有大量组成数字电路的最小单元——门电路，而这些门电路之间的连接并没有固定，并且输入/输出脚的连接可自己设置。PLD 能做什么呢？可以毫不夸张地讲，PLD 能完成任何数字器件的功能，上至高性能 CPU，下至简单的 74 电路，都可以用 PLD 来实现。PLD 如同一张白纸或是一堆积木，工程师可以通过传统的原理图输入法，或硬件描述语言自由地设计一个数字系统。通过软件仿真，可以事先验证设计的正确性。在 PCB(Printed Circuit Board 印制电路板)完成以后，还可以利用 PLD 的在线修改能力，随时修改设计而不必改动硬件电路。故这种电路给我们带来了极大的方便。

1. 提高了功能的集成度

PLD 器件较中小规模集成芯片具有更高的功能集成度，一般来说，一片 PLD 器件可替代 4～20 片的中小规模集成芯片，而更大规模的 PLD(如 CPLD、FPGA)一般采用最新的集成电路生产工艺及技术，可达到极大的规模，这些器件的出现降低了电子产品的成本并缩小了电子产品的体积。

2. 加快了电子系统的设计速度

一方面由于 PLD 器件集成度的提高，减小了电子产品设计中的布线时间及器件的安装时间；另一方面由于 PLD 器件的设计是利用计算机进行辅助设计的，可以通过计算机的辅助设计软件对设计的电路进行仿真和模拟，因而减小了传统设计过程中的调试电路的时间，另外PLD器件是可擦除和可编程的，即使设计有问题，修改也是很方便的。

3. 高性能

由于PLD器件在生产过程中采用了最新的生产工艺及技术，故通用PLD器件的性能优于一般通用的器件，其速度也比通用器件速度高1～2个数量级。另外，由于器件数量的减少，可以降低电路的总功耗。

4. 高可靠性

系统的可靠性是数字系统的一项重要指标。根据可靠性理论可知，器件的数量增加，系统的可靠性将下降；反之将提高。采用了PLD器件可减少器件的数量，器件的减少还导致PCB的布线减少，同时也减少了器件之间的交叉干扰和可能产生的噪声源，使系统运行更可靠。

5. 低成本

PLD器件的上述优点将引起电子产品在设计、安装、调试、维修、器件品种库存等方面的成本下降，从而使电子产品的总成本降低，提高了产品的竞争力。

PLD的基本结构如图7-7所示，由输入缓冲电路、与阵列、或阵列和输出缓冲电路组成。输入缓冲电路用来对输入信号缓冲，并产生原变量和反变量两个互补的信号供与阵列使用，与阵列和或阵列用来实现各种与或结构的逻辑函数，输出电路则有多种形式，可以是基本的三态门输出；也可以配备寄存器或向输入电路提供反馈信号；还可以做成输出宏单元由用户进行输出电路结构的组态。

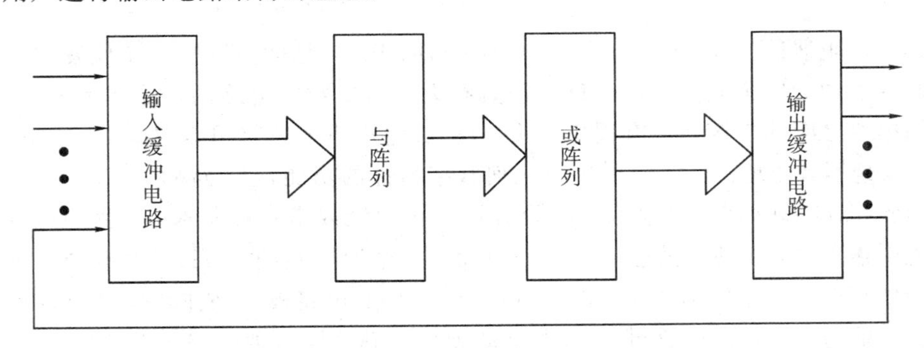

图7-7　PLD的基本结构

可编程逻辑器件经历了从PROM、PLA、PAL、可重复编程的GAL，到采用大规模集成电路技术的EPLD直至CPLD和FPGA的发展过程，在结构、工艺、集成度、功能、速度和灵活性方面都有很大的改进和提高。

可编程逻辑器件大致的演变过程如下：

(1) 20世纪70年代，熔丝编程的PROM和PLA器件是最早的可编程逻辑器件。

(2) 20世纪70年代末，对PLA进行了改进，AMD公司推出PAL器件。

(3) 20世纪80年代初，Lattice公司发明电可擦写的、比PAL使用更灵活的GAL器件。

(4) 20世纪80年代中期，Xilinx公司提出现场可编程概念，同时生产出了世界上第一片现场可编程门阵列器件(Field Programmable Gate Array，FPGA)。同一时期，Altera公司推出 EPLD 器件，较 GAL 器件有更高的集成度，可以用紫外线或电擦除。

(5) 20 世纪 80 年代末，Lattice 公司又提出在系统可编程技术，并且推出了一系列具备在系统可编程能力的复杂可编程逻辑器件(Complex Programmable Logic Device, CPLD)，将可编程逻辑器件的性能和应用技术推向了一个全新的高度。

(6) 进入 20 世纪 90 年代后，可编程逻辑集成电路技术进入了飞速发展时期。器件的可用逻辑门数超过了百万门，并出现了内嵌复杂功能模块(如加法器、乘法器、PAM、CPU 核、DSP 核、PLL 等)的 SoPC。

本章小结

(1) 半导体存储器是现代数字系统特别是计算机中的重要组成部分，它可以分为只读存储器(ROM)和随机存取存储器(RAM)两大类。

(2) 只读存储器是一种非易失性的存储器，它存储的是固定的数据。根据数据写入方式的不同，ROM 又分为固定 ROM、可编程 ROM、EPROM、E^2PROM 和闪速存储器。

(3) 随机存取存储器是一种易失性的存储器，它存储的数据随电源的断开而消失。它包含有静态 RAM 和动态 RAM 两种类型，前者用触发器记忆数据，后者靠 MOS 管栅极电容存储数据。因此，在不停电的情况下，静态 RAM 的数据可以长久保存，而动态 RAM 则必须定时刷新。在使用过程中，静态 RAM 用于一些要求存取速度快的场合，而动态 RAM 主要用于存储量大的场合。

(4) 目前，可编程逻辑器件的使用越来越广泛，它具有集成度高、可靠性好、电子设计速度快、成本低等特点。PLA、PAL 和 GAL 是三种典型的可编程逻辑器件，其电路结构的核心都是与-或阵列。

思考题与习题

7-1　存储器的主要指标有哪些?

7-2　简述半导体存储器的分类情况及各自的特点。

7-3　ROM 有哪些种类? 各有什么特点?

7-4　常用的 RAM 有哪几种? DRAM 为何需要刷新操作?

7-5　一般情况下，DRAM 的集成度比 SRAM 的集成度高，为什么?

7-6　一个存储量为 2K×8 位的 SRAM 有多少根地址线和多少根位线?

7-7　一个存储器有 16 根地址线和 8 根数据线，它的存储容量有多大?

7-8　可编程逻辑器件(PLD)基本结构中的核心部分是什么? 试说明 PLA 电路与 PROM 电路的相同处和不同处。

实训：数字钟的安装与调试

一、实训目的

(1) 掌握集成门电路、计数器、译码器、显示器的应用方法。

(2) 掌握计数器、译码器、显示器的综合设计和调试方法。

(3) 提高发现问题、分析问题、解决问题的能力。

(4) 培养精益求精、严谨、科学的工作作风。

(5) 进一步熟悉仪器、仪表的使用方法。

二、实训所用器材

(1) 数字电路实验箱　1 台；

(2) 万用表　1 块；

(3) 七段共阴极 LED 数码管 C5013HO　6 块；

(4) CC4511BCD 七段锁存/译码/驱动器(显示译码器)　6 块；

(5) 双二-十进制同步计数器 CC4518　6 块；

(6) 四 2 输入与非门 CC4011　2 块；

(7) 1 kΩ 电阻　6 个。

三、实训知识点

(1) 石英晶体振荡器的原理与使用。

(2) 计数器作为分频器使用。

(3) 集成计数器的正确使用。

(4) 集成译码器的正确使用。

(5) 显示器的正确使用。

数字钟是集模拟技术与数字技术为一体的一种综合应用，它包括数字电子技术中的组合逻辑电路和时序逻辑电路两部分的应用。数字钟是用计数器、译码器、显示器等集成电路实现“时”、“分”、“秒”按照数字方式显示的计时装置，主要由振荡器、分频器、计数器、译码器和显示器五部分组成，框图如实训图 1－1 所示。

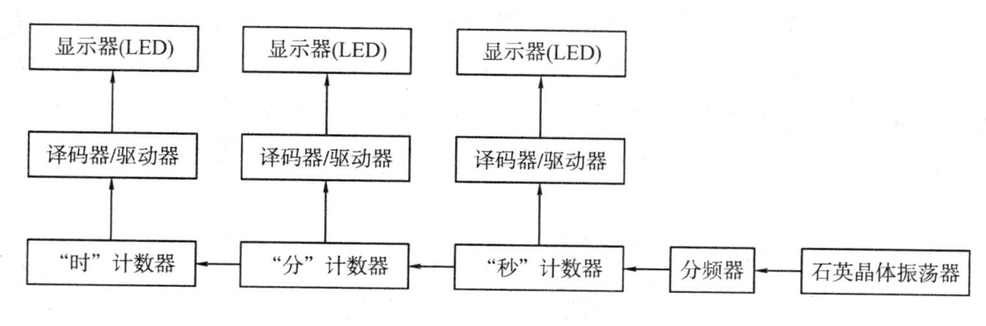

实训图 1-1 数字钟框图

1. 振荡器

振荡器用于产生时间标准信号。本实训选用 1 MHz 的石英晶体振荡器。时间标准信号的稳定度直接影响数字钟的精度和稳定度。在模拟部分介绍的所有振荡器中石英晶体振荡器的精度和稳定度是最高的。石英晶体振荡器产生的时间标准信号，作为分频器的输入信号。

2. 分频器

分频器用于产生标准的“秒”计时信号。把石英晶体振荡器产生时 1 MHz 的时间标准信号，经过分频得到 1 Hz 的“秒”计时信号。我们知道，需要经过 10^6 分频，即需要经过 6 级十分频。用 3 块双二-十进制同步计数器 CC4518(CC4518 的引脚图、功能表与二进制计数器 CC4520 的相同，只是计数长度不同)按照实训图 1-2 所示连接电路。

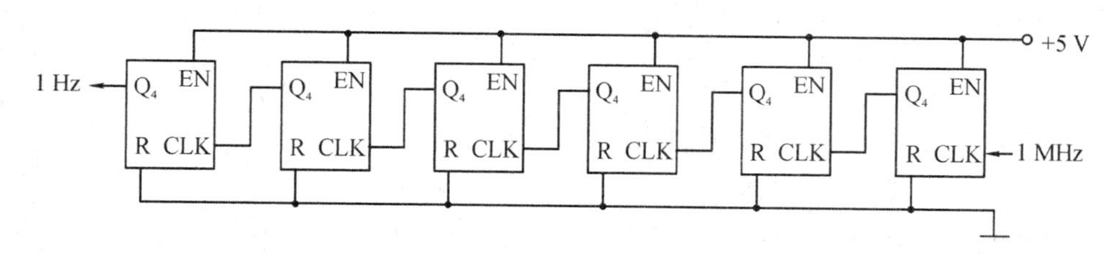

实训图 1-2 分频器

分频器的输入是 1 MHz 的脉冲信号，输出(1 Hz)作为“秒”计数器的输入信号。

3. 计数器

计数器用来完成“时”、“分”、“秒”的计数。输入的计数脉冲的频率为 1 Hz(1 秒钟 1 个脉冲)，每输入 60 个计数脉冲，“秒”计数器本身完成一轮循环计数，同时向“分”计数器输出一个进位脉冲，所以“秒”计数器为六十进制计数器。用 1 块 CC4518，个位为十进制计数器，十位接成六进制计数器，连接图如实训图 1-3 所示。

“分”计数器也是六十进制计数器，结构与“秒”计数器相同，只是“分”计数器的计数脉冲是“秒”计数器的进位信号。

“时”计数器采用二十四进制计数(也可以采用十二进制)，如实训图 1-4 所示的电路连接。“时”计数器的输入信号是“分”计数器的进位信号。

如实训图 1-4 所示，每输入 10 个计数脉冲，“时”计数器的个位清零，同时向十位进 1

(送出一个脉冲的下降沿)，而 CC4518 用下降沿进行加法计数时，需要从 EN 输入计数脉冲，所以十位计数器的计数脉冲接到 EN 端。输入 20 个计数脉冲后，十位计数器的状态为“0010”，再输入 4 个计数脉冲后，“与非”门 G_3 输入全 1，G_4 输出“1”，送计数器的 R 端(直接置 0，高电平有效)，将计数器清零，完成一轮二十四进制循环计数。

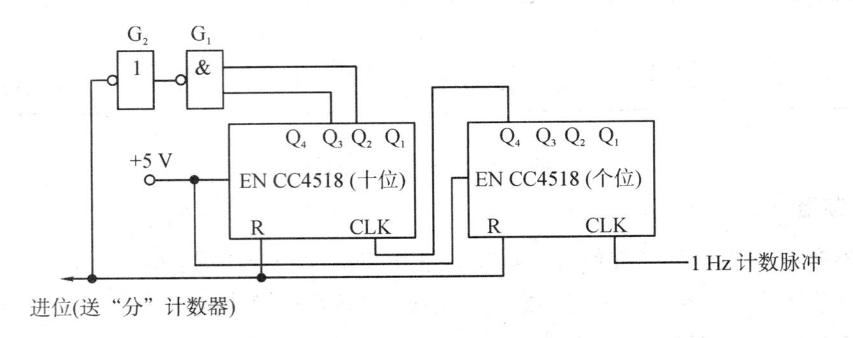

实训图 1－3　“秒”计数器

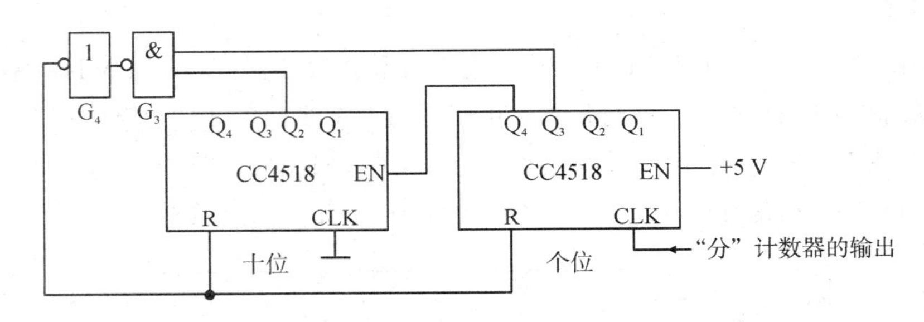

实训图 1－4　“时”计数器

4. 显示器

显示器用来显示“时”、“分”、“秒”计时的结果，供人们直接读取。显示器有多种，我们选用七段共阴极 LED 数码管 C5013HO。

5. 译码器/驱动器

译码器用来把“时”计数器、“分”计数器、“秒”计数器的输出状态翻译成对应的高、低电平，去驱动显示器件工作。因为显示器选择的是七段共阴极 LED 数码管，所以译码器/驱动器应该选用输出高电平为有效电平的译码器，本实训选择的是 CC4511。

四、实训内容与步骤

1. 安装与调试

本实训所有元器件都安装在数字实验箱上，各元器件安装的位置如实训图 1－5 所示。

全部元器件的安装采用边安装边调试的步骤进行，有利于安装、调试、查找故障。每一个元器件的安装分两步进行：第一步断开电源，连接电路(必须断掉电源)；第二步检查连线无误以后，接通电源进行调试。调试成功以后再安装下一个元器件。

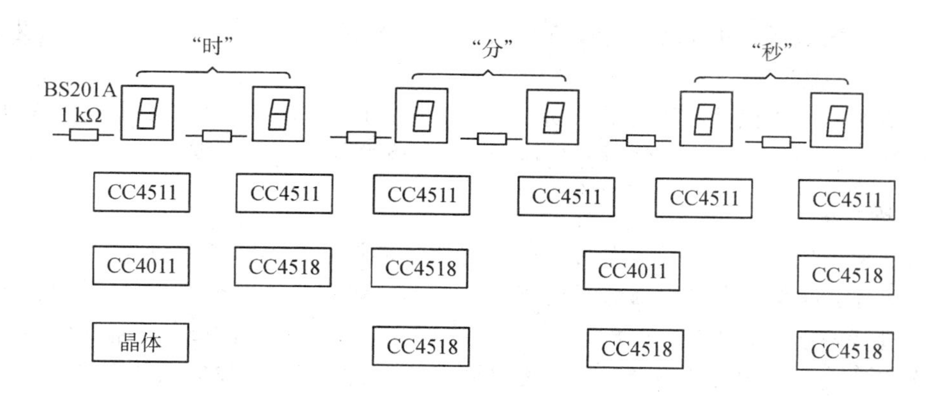

实训图 1-5 元器件位置图

(1) 显示器 C5013HO 的安装与调试。

把每一个 C5013HO 的 3(或 8)管脚通过 1 kΩ 电阻接地，从实验箱上的开关处接出一条导线，分别接触 a、b、c、d、e、f、g 各管脚，把开关先置 1，然后置 0。观察开关置 1 时，相应的字段发光；开关置 0 时，相应的字段不发光即为正常。6 个显示器要逐个进行测试。

(2) 译码器/驱动器 CC4511 的安装与调试。

把 CC4511 的 U_{DD} 接 +5V 电源，U_{SS} 接地，CC4511 的七个输出端 $a\sim g$ 分别与 C5013HO 的 $a\sim g$ 七个输入端相连接。每一块 CC4511 对应一块 C5013HO。用实验箱上的开关提供高、低电平，测试逻辑功能。$\overline{LT}=0$ 时，数码管显示数字 8。$\overline{BI}=0$ 时，数码管熄灭。$\overline{LT}=1$，$\overline{BI}=1$ 从 $DCBA$ 输入一个数据(例如 0110)，给 LE 送一个上升沿(开关由 0 变成 1)，译码器锁存，数码管显示锁存的数据(显示数字 6)。$\overline{LT}=1$，$\overline{BI}=1$，LE=0，由 $DCBA$ 输入信号(用开关送 0、1 信号)，CC4511 正常译码，输入 0000～1001 时，显示 0～9；输入 1010～1111 时译码器消隐，显示器无显示。

(3) 计数器 CC4518 的安装与调试。

测试每一片 CC4518 的计数功能是否正确：CC4518 的 U_{DD} 接 +5 V 电源，U_{SS} 接地，EN 接 +5 V，R 接地。$Q_4Q_3Q_2Q_1$ 接到译码器 CC4511 的 $DCBA$ 输入端，用实验箱上 1 Hz 信号作为计数脉冲，分别送每一片 CC4518 的 CLK 端，观察是否按照二-十进制的规律加计数。

"时"、"分"、"秒"计数器先单独调试："秒"计数器、"分"计数器分别接成六十进制(个位接成十进制，十位六进制)计数器，按照实训图 1-3 连接电路；"时"计数器接成二十四进制计数器，按照实训图 1-4 连接电路。每接好一个计数器，接通电源，调试计数器的逻辑功能。调试时，用实验箱 1 Hz 信号作为计数脉冲，单级调试，各计数器之间不连接。

计数器整体连接："秒"计数器的进位输出端接到"分"计数器的 CLK 输入端；"分"计数器的进位输出端接到"时"计数器的 CLK 输入端。

(4) 石英晶体振荡器和分频器 CC4518 的安装与调试。

每一片 CC4518 计数功能的测试方法与计数器的测试方法相同，把 $Q_4Q_3Q_2Q_1$ 接到实验箱的 4 个发光二极管上作为计数器的状态显示器。振荡器的输出频率用频率计测量。

把三片 CC4518 串接起来(即低一级 Q_4 的接到相邻高一级的 CLK)，U_{DD} 接 +5 V 电源，U_{SS} 接地，EN 接 +5 V，R 接地。振荡器的输出接到最低一级 CC4518 的 CLK，从最高一级的 Q_4 引出输出信号，即为 1 Hz 的计数脉冲，送到"秒"计数器的计数输入端。

如果没有振荡器，也可以由实验箱上的 1 Hz 信号代替，还可以用低频信号发生器直接产生 1 Hz 的计数脉冲。

如果要做成一个比较实用的数字钟，还需要设计时间校对部分、报时部分等功能。由于本实训篇幅有限，没有把这些内容列在其中，可以参阅其他参考书。

2. 故障检测

整机连接完成并加电以后，因为每一步都作了调试，故障已经被分步排除了，大部分都能正常工作，但是也会有少部分可能工作不正常，就需要进行故障检测。查找故障要求按照分块进行的思路去查找，逐步缩小查找范围，最后达到排除故障、正常工作的目的。

本次实训全部选用集成电路，除了集成块就是连线，所以查找应该分两步进行。

(1) 检查集成电路块。

由于每个集成电路块在接入电路时，都做了单块逻辑功能的测试，所以故障一般较少，但是也不排除控制端、多余输入端没有处理好的可能，因此需要首先检查各集成电路的控制端是否已经按照要求接好，门电路多余的输入端是否已经处理。如果有不合理之处则须改正过来。

(2) 检查连线。

如果集成块良好，控制端都正确，只能是连线的故障。故障情况可能是不能显示，也有可能是显示得不正确，可以按照实训图 1－6 所示的流程去排查。

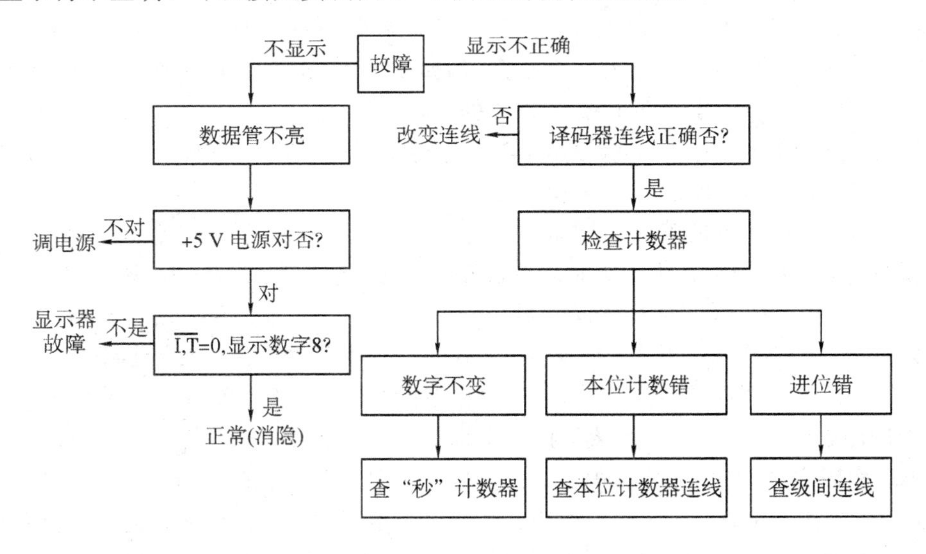

实训图 1－6　故障排查流程

整机调试完毕以后，接通电源，把各计数器用 R 端清零，用 1 Hz 信号通过 CC4518 的 CLK 端快速计数，按照当时的时间校对好“时”、“分”，再找准时间接上“秒”计数器的输入，即可以显示时间(由于本机不完善，只能用此方法代替)。

五、实训报告

通过实训，更好地掌握了各个集成块的逻辑功能及其使用方法，也学会了采用中规模集成电路设计综合电路(既包含时序逻辑电路又包含组合逻辑电路)的方法，把这些收获、感想记录下来，就是实训报告。具体要求如下：

(1) 实训名称、姓名、时间、地点、同组人等(写在实训报告的封皮上)。

(2) 实训目的。

(3) 所用仪器、元器件。

(4) 实训原理。

(5) 实训内容与步骤。

(6) 安装结构示意图。

(7) 安装过程中出现了哪些问题？是怎样解决的？

(8) 通过实训有哪些感想、收获？

思考题与习题参考答案(部分)

第1章

1-1 (1) $(10100)_2=1\times2^4+0\times2^3+1\times2^2+0\times2^1+0\times2^0=20$

(2) $(0.0111)_2=0\times2^{-1}+1\times2^{-2}+1\times2^{-3}+1\times2^{-4}=0.4375$

(3) $(110.101)_2=1\times2^2+1\times2^1+0\times2^0+1\times2^{-1}+0\times2^{-2}+1\times2^{-3}=6.625$

1-5 (1) $A\overline{B}+B+\overline{A}B=A+\overline{A}B=A+B$

(2) $(A+\overline{C})(B+D)(B+\overline{D})=(A+\overline{C})(B+B\overline{D}+BD+D\overline{D})=(A+\overline{C})B=AB+B\overline{C}$

1-6 (1) $F=\overline{A}BC+AC+\overline{B}C=\overline{A}BC+A(B+\overline{B})C+(A+\overline{A})\overline{B}C$

$=\overline{A}BC+ABC+A\overline{B}C+\overline{A}\overline{B}C$

(2) $F=A\overline{B}\overline{C}D+BCD+\overline{A}D=A\overline{B}\overline{C}D+(A+\overline{A})BCD+\overline{A}(B+\overline{B})(C+\overline{C})D$

$=A\overline{B}\overline{C}D+ABCD+\overline{A}BCD+\overline{A}\overline{B}\overline{C}D+\overline{A}\overline{B}CD+\overline{A}B\overline{C}D$

1-7 (1) $AC\overline{D}+\overline{D}=\overline{D}$

(2) $A\overline{B}(A+B)=A\overline{B}$

(3) $A\overline{B}+AC+BC=A\overline{B}+BC$

(4) $AB(A+\overline{B}C)=AB$

1-8 (1) $F=A\overline{B}+B+\overline{A}B=A\overline{B}+B=B$

(2) $F=A\overline{B}C+\overline{A}+B+\overline{C}=A\overline{B}C+\overline{A\overline{B}C}=1$

(3) $F=\overline{\overline{A}BC}+\overline{A\overline{B}}=A+\overline{B}+\overline{C}+\overline{A}+B=(A+\overline{A})+(B+\overline{B})+\overline{C}=1$

1-9 (1) $F=\overline{A}BC+A\overline{B}\overline{C}+A\overline{B}C+AB\overline{C}$

(2) $F=\overline{A}\overline{B}\overline{C}\overline{D}+\overline{A}\overline{B}C\overline{D}+\overline{A}B\overline{C}D+A\overline{B}\overline{C}\overline{D}+A\overline{B}C\overline{D}+ABCD$

第2章

2-1 加正向电压导通，加反向电压截止。

2-2 饱和区和截止区。饱和条件：发射结、集电结都正偏(加正向偏压)。截止条件：发射结都反偏(加反向偏压)。

2-3

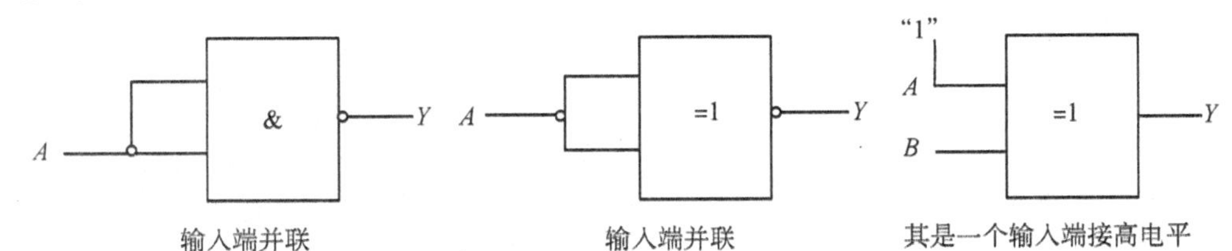

输入端并联　　输入端并联　　其是一个输入端接高电平

2-5 (a) 错误。与非门输入端不能通过10 Ω电阻接地，应接高电平

(b) 错误。或门输入端不能通过电阻接电源，应接低电平

(c) 错误。门电路输出端不能直接接电源，应串联限流电阻

(d) 正确。与非门＋反相器相当于与门

(e) 正确。OC 门线与功能

第 3 章

3－1 (a) $F=\overline{A}\overline{B}+AB$ 同或逻辑功能

(b) $F=A\overline{ABC}+B\overline{ABC}+C\overline{ABC}=(A+B+C)(\overline{A}+\overline{B}+\overline{C})$

$=A\oplus B+B\oplus C+A\oplus C$

当 $A=B=C$ 时，$F=0$，否则 $F=1$。

逻辑功能表：

A	B	C	F
0	0	0	0
0	0	1	1
0	1	0	1
0	1	1	1
1	0	0	1
1	0	1	1
1	1	0	1
1	1	1	0

3－2 设 A、B、C 表示三个人，当有 2 人或 2 人以上同意为“1”时，$F=1$，提案通过；否则，提案不通过。

依据题意列出真值表：

A	B	C	F
0	0	0	0
0	0	1	0
0	1	0	0
0	1	1	1
1	0	0	0
1	0	1	1
1	1	0	1
1	1	1	1

由真值表得到 $F=\overline{A}BC+A\overline{B}C+AB\overline{C}+ABC$，化简得到

$$F=AB+BC+AC=\overline{\overline{AB}+\overline{BC}+\overline{AC}}$$

逻辑图为

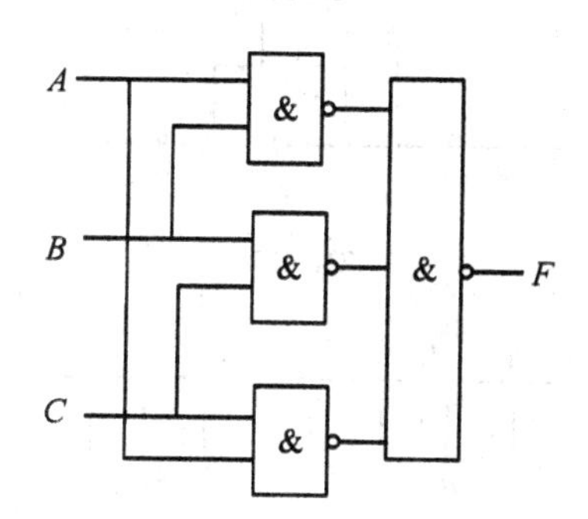

3-3　由题意列出真值表

A	B	C	F
0	0	0	0
0	0	1	1
0	1	0	1
0	1	1	0
1	0	0	1
1	0	1	0
1	1	0	0
1	1	1	1

由真值表得到 $F=\overline{A}\overline{B}C+\overline{A}B\overline{C}+A\overline{B}\overline{C}+ABC$，化简得到 $F=A\oplus B\oplus C$

逻辑图为

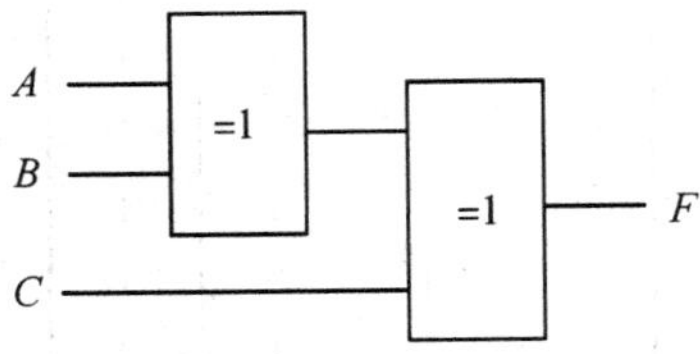

3-5　$F_1=AB=AB(C+\overline{C})=ABC+AB\overline{C}$

$=m_6+m_7$

$=\overline{\overline{m_6}\cdot\overline{m_7}}$

$F_2=\overline{A}B\overline{C}+A\overline{B}C+BC=\overline{A}B\overline{C}+A\overline{B}C+(A+\overline{A})BC$

$=\overline{A}B\overline{C}+A\overline{B}C+\overline{A}BC+ABC$

$=m_2+m_3+m_5+m_7$

$=\overline{\overline{m_2}\cdot\overline{m_3}\cdot\overline{m_5}\cdot\overline{m_7}}$

$F_3=A\overline{C}+\overline{A}\overline{B}C=A(B+\overline{B})\overline{C}+\overline{A}\overline{B}C$

$=AB\overline{C}+A\overline{B}\overline{C}+\overline{A}\overline{B}C$

$=m_1+m_4+m_7$

$=\overline{\overline{m_1}\cdot\overline{m_4}\cdot\overline{m_7}}$

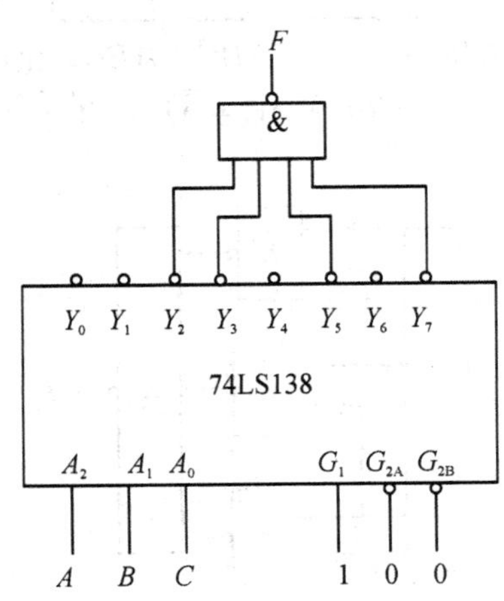

3-6 $F=\overline{A}B\overline{C}+(A+\overline{A})BC+A\overline{B}(C+\overline{C})$

$=\overline{A}B\overline{C}+ABC+\overline{A}BC+A\overline{B}C+A\overline{B}\overline{C}$

$=m_2+m_3+m_4+m_5+m_7$

$=\overline{\overline{m_2}\cdot\overline{m_3}\cdot\overline{m_4}\cdot\overline{m_5}\cdot\overline{m_7}}$

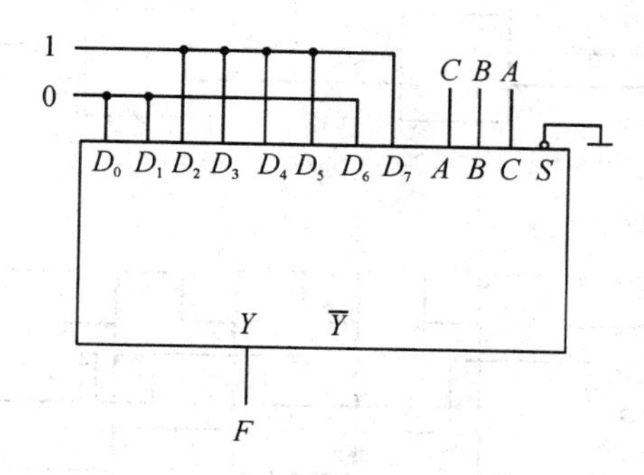

第4章

4-1 $\overline{R_D}+\overline{S_D}=1$

4-5 $J=K$，J 与 K 相连构成 T；

$J=K$，J 与 K 相连，且接高电平，构成 T′

4-9

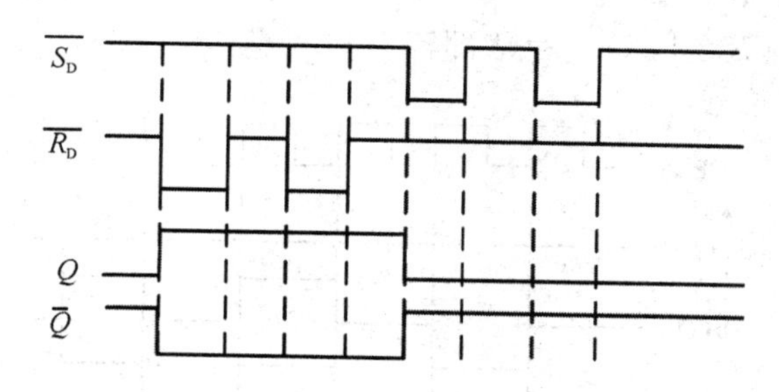

4-10

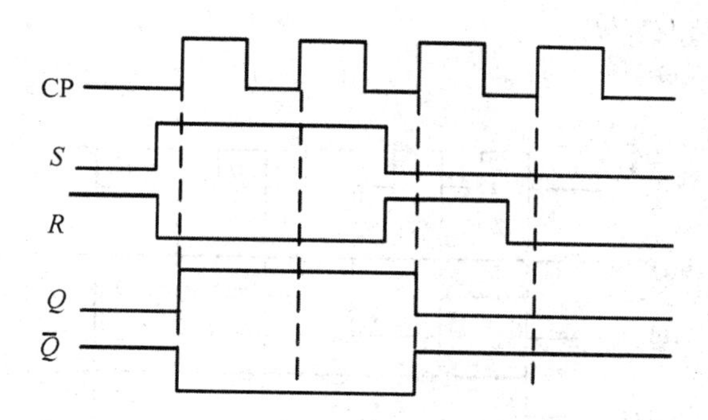

4 - 11

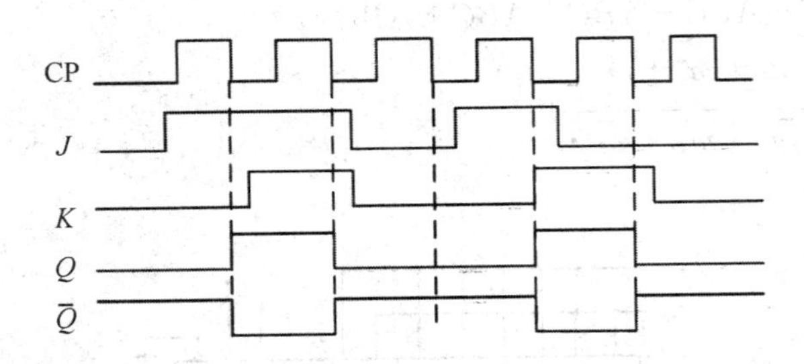

4 - 12

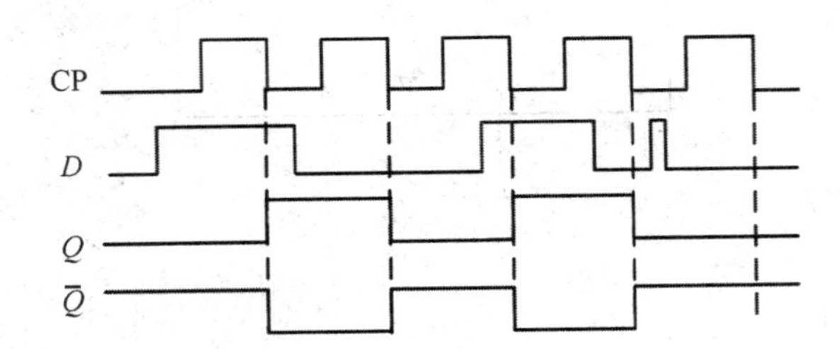

4 - 13 $Q^{n+1}=J\,\overline{Q^n}+\overline{K}Q^n$

（a）$J=Q^n$ $K=\overline{Q^n}$ $Q^{n+1}=Q^n$保持 0

（b）$J=\overline{Q^n}$ $K=Q^n$ $Q^{n+1}=\overline{Q^n}$翻转

（c）$J=1$，$K=1$，$Q^{n+1}=\overline{Q^n}$翻转

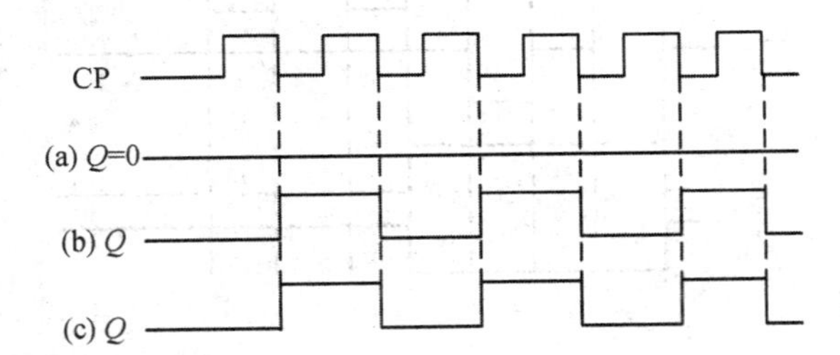

4 - 14 （a）$Q^{n+1}=D=Q^n$

（b）$Q^{n+1}=D=\overline{Q^n}$

（c）$Q^{n+1}=D=1$

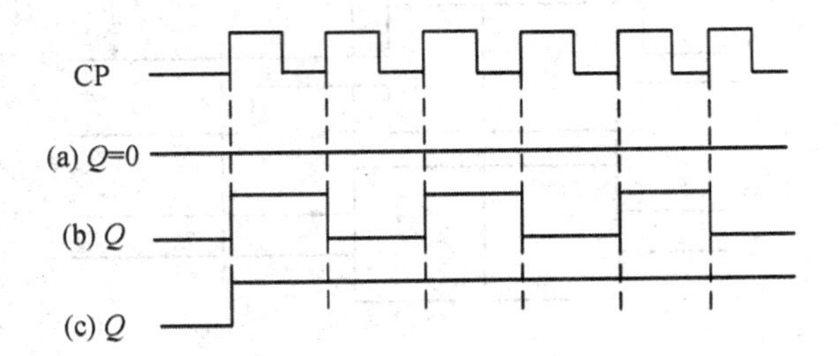

第 5 章

5-7　驱动方程，$\begin{cases} J_0=\overline{Q_1^n}, & K_0=1 \\ J_1=Q_0^n, & K_1=1 \end{cases}$，JK 触发器的特性方程 $Q^{n+1}=J\,\overline{Q^n}+\overline{K}Q^n$

电路的状态方程 $\begin{cases} Q_0^{n+1}=\overline{Q_0^n}\cdot\overline{Q_1^n} \\ Q_1^{n+1}=Q_0\cdot\overline{Q_1^n} \end{cases}$，　输出方程 $Y=Q_1$

时序图与状态转换图：

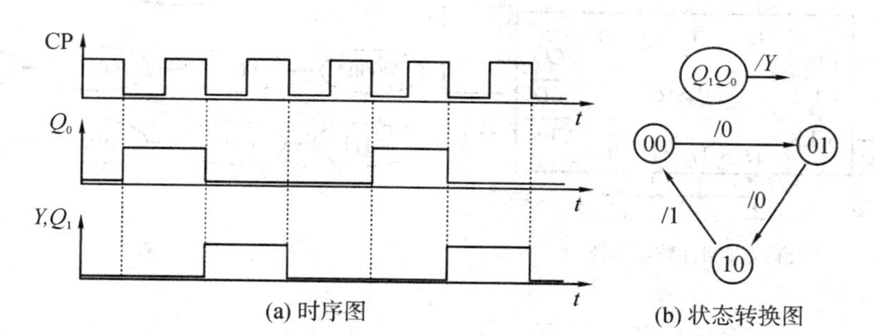

(a) 时序图　　(b) 状态转换图

5-8　该异步时序电路 D 触发器的驱动方程 $D=\overline{Q^n}$，由 D 触发器构成了 T′触发器。T′触发器只有翻转的功能。写出状态方程、时钟方程并找出各级触发器的翻转条件。

FF_0：$Q_0^{n+1}=D=\overline{Q_0^n}$，$CP_0=CP$，即每来一个 CP 脉冲的上升沿 Q_0 都翻转一次。

FF_1：$Q_1^{n+1}=D=\overline{Q_1^n}$，$CP_1=Q_0$，即 Q_0 每有一个下降沿($\overline{Q_0^n}$的上升沿)Q_1 翻转一次。

输出方程　$Y=Q_1^nQ_0^n$

电路的时序图和状态转换图，该电路是一个四进制的异步加法计数器。

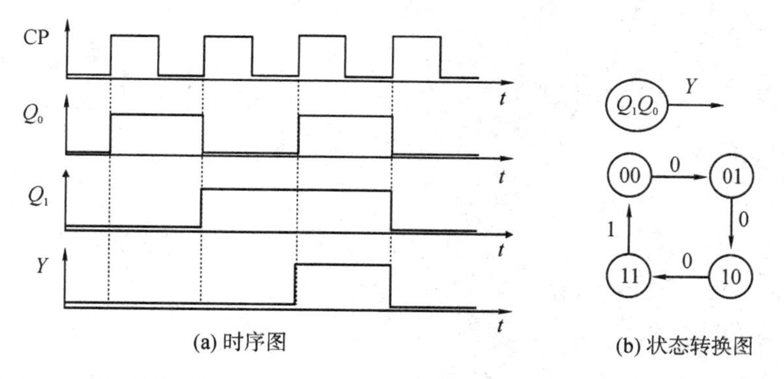

(a) 时序图　　(b) 状态转换图

5-9　EP 和 ET 是使能端、C_O 是进位端，$\overline{LD}$是置数端，$\overline{R_D}$是清零端。该电路是一个十进制计数器。状态转换图如下：

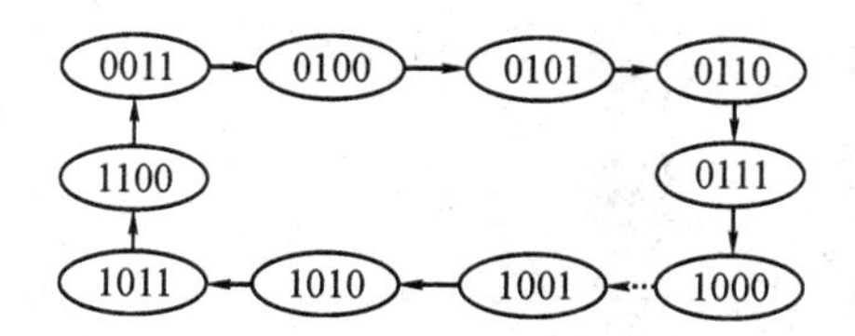

5-10　该电路为二十四进制计数器。芯片(2) 是三进制计数器，芯片(1) 是八进制计数器。

5-11　由十进制计数器 74LS160 和附加的三输入与非门 74LS10 接成的八进制计数器电路和状态转换图。

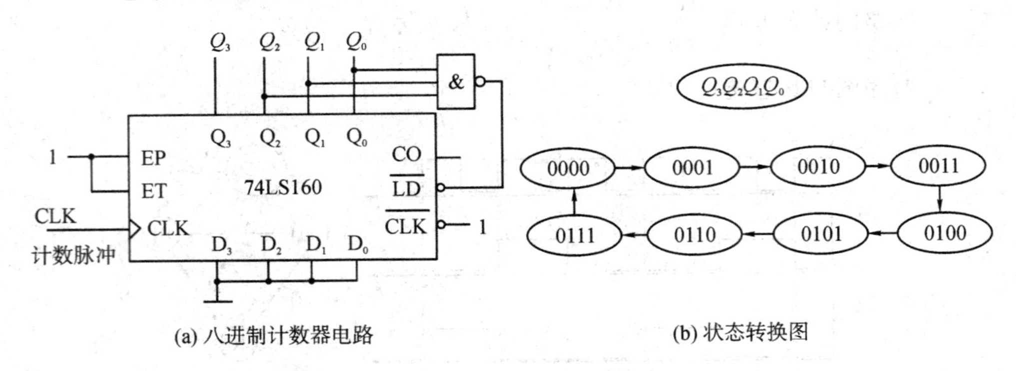

(a) 八进制计数器电路　　(b) 状态转换图

第 6 章

6-3　$U_{T+}=\left(1+\frac{R_1}{R_2}\right)U_{TH}=10\ \text{V}$，$U_{T-}=\left(1-\frac{R_1}{R_2}\right)U_{TH}=5\ \text{V}$，$\Delta U=5\ \text{V}$

6-6　$t_{W1}=0.7R_{X1}\cdot C_{X1}=2\ \text{ms}$，$t_{W2}=0.7R_{X2}\cdot C_{X2}=1\ \text{ms}$

6-7　(1) $U_{T+}=8\ \text{V}$，$U_{T-}=4\ \text{V}$，$\Delta U=4\ \text{V}$；(2) $U_{T+}=8\ \text{V}$，$U_{T-}=4\ \text{V}$，$\Delta U=4\ \text{V}$

6-9　$f=144\ \text{Hz}$，$q=51\%$

6-10　(1) $f=1013\ \text{Hz}$；(2) 增大 R_3、C_3

第 7 章

7-6　地址线 11 根，位线 8 根

7-7　$2^n\times 8$

参 考 文 献

[1] 阎石．数字电子技术基础[M]．北京：高等教育出版社，2005

[2] 刘淑英．数字电子技术及应用[M]．北京：机械工业出版社，2007

[3] 张桂芬．电子技术基础[M]．北京：人民邮电出版社，2005

[4] 康华光．电子技术基础[M]．北京：高等教育出版社，2000

[5] 詹新生，孙爱侠，李美凤，等．电子技术基础[M]．北京：机械工业出版社，2015

[6] 卜新华．电工与数字电路基础[M]．北京：清华大学出版社，2012

[7] 牛百齐，毛立云．数字电子技术项目教程[M]．北京：机械工业出版社，2012

[8] 杨翠峰，王永成．数字电子技术与实践[M]．大连：大连理工大学出版社，2014

[9] 李妍，姜俐侠．数字电子技术[M]．大连：大连理工大学出版社，2009